Bootstrap
前端开发从新手到高手
（微视频版）

陈 奋　张晓兰　编著

清华大学出版社
北　京

内 容 简 介

Bootstrap 是由 Twitter 在 2011 年 8 月推出的开源前端框架，如今已发展成为广受欢迎的前端 UI 框架。本书深入探讨了 Bootstrap 的框架基础、栅格系统、基础样式、组件等核心内容，并进一步展示了如何利用 Bootstrap 进行实际网站开发。本书共分 8 章，内容涵盖了 Bootstrap 快速入门、基础样式、组件库、工具类、弹性布局、表格样式、表单样式以及定制与优化等。在每章的最后还提供了紧贴实战的综合案例，力求为读者带来良好的学习体验。

本书提供了与内容同步的案例操作教学资源，读者可扫描前言中的二维码进行学习。本书具有很强的实用性和可操作性，可以作为初学者的自学用书，也可作为 Web 前端开发技术人员的首选参考书，还可作为高等院校 Web 前端开发、网站设计等相关专业的教材。

本书对应的电子课件、完整代码文档和实例源文件可以到 http://www.tupwk.com.cn/downpage 网站下载，也可以通过扫描前言中的二维码获取。读者还可以扫描前言中的视频二维码直接观看教学视频。

本书封面贴有清华大学出版社防伪标签，无标签者不得销售。
版权所有，侵权必究。举报：010-62782989，beiqinquan@tup.tsinghua.edu.cn。

图书在版编目(CIP)数据

Bootstrap前端开发从新手到高手：微视频版 / 陈奋，张晓兰编著. -- 北京：清华大学出版社，2025.5.
ISBN 978-7-302-68979-9

Ⅰ. TP393.092.2
中国国家版本馆CIP数据核字第2025NJ6031号

责任编辑：胡辰浩
封面设计：高娟妮
版式设计：妙思品位
责任校对：成凤进
责任印制：刘海龙

出版发行：清华大学出版社
网　　址：https://www.tup.com.cn，https://www.wqxuetang.com
地　　址：北京清华大学学研大厦A座　　　　邮　　编：100084
社 总 机：010-83470000　　　　　　　　　　邮　　购：010-62786544
投稿与读者服务：010-62776969，c-service@tup.tsinghua.edu.cn
质 量 反 馈：010-62772015，zhiliang@tup.tsinghua.edu.cn

印 装 者：三河市铭诚印务有限公司
经　　销：全国新华书店
开　　本：185mm×260mm　　　印　　张：19.25　　　字　　数：445千字
版　　次：2025年5月第1版　　　印　　次：2025年5月第1次印刷
定　　价：89.00元

产品编号：102058-01

Bootstrap是目前最受欢迎的前端框架之一。它建立在HTML、CSS和JavaScript之上，以其简洁和灵活的特点，大大简化了Web前端开发的难度，使得开发人员可以更加高效地创建响应式、现代化的网站和应用程序。这种便利性和强大的功能使得Bootstrap成为全球无数开发者的首选工具，深受初学者和资深开发人员的喜爱。

然而，尽管Bootstrap功能强大，但对于初学者来说，熟练掌握这一框架可能并不容易。许多初学者在学习时可能会遇到诸如如何使用其多样化的组件、理解其复杂的栅格系统，以及自定义主题等难题。

本书正是基于这些难题编写的，旨在帮助读者全面掌握Bootstrap技术。书中的内容由浅入深，以通俗易懂的语言和丰富的实例，详细阐述了Bootstrap各个方面的内容。无论是基础的组件使用、复杂的页面布局，还是高级的主题定制与开发，本书都提供了深入的讲解和示例。此外，书中的结构设计合理，从基本概念到高级应用，每一步都为读者铺设了通往精通Bootstrap之路的坚实台阶。

一、本书内容特点

（1）零基础、入门级讲解。无论读者是否从事相关行业，或是否接触过 Bootstrap 网页设计，都能从本书中找到合适的起点。

（2）实用、专业的范例和项目。从Bootstrap的基本操作入手，逐步引导读者学习各类应用技术，侧重实战技能。书中提供简明易懂的案例分析和操作指导，让学习过程更轻松。

（3）细致入微、贴心提示。各章节中设置了各类代码解释，帮助读者更清楚地理解相关操作与概念，轻松掌握各种技巧。

（4）赠送学习资源。提供详细的素材，包括实例源代码、教学课件等，帮助读者学习和巩固相关内容。

二、本书内容简介

本书深入探讨了Bootstrap的框架基础、栅格系统、基础样式、组件等核心内容，并进一步展示了如何利用Bootstrap进行实际网站开发。

本书共分8章，内容涵盖了Bootstrap快速入门、基础样式、组件库、工具类、弹性布局、表格样式、表单样式以及定制与优化等，各章内容简介如下。

章节	内容说明
第1章	主要介绍Bootstrap的基础知识，包括Bootstrap的由来、发展历程、浏览器支持、下载和安装Bootstrap的方法，以及布局容器、栅格系统
第2章	主要介绍Bootstrap定义的大量通用样式类，包括边距、边框、颜色、对齐方式、阴影、浮动、显示与隐藏等
第3章	主要介绍从导航条、按钮到模态窗口、卡片和进度条等各种常见的组件集合
第4章	主要介绍布局、排版、颜色、边框等常见工具类
第5章	主要介绍实现Bootstrap弹性布局的一系列工具类
第6章	主要介绍Bootstrap提供的各种表格样式
第7章	主要介绍Bootstrap的表单样式，以及利用如 .form-control、.form-group、.form-label和 .form-check 等类，实现高质量表单设计的方法
第8章	主要介绍使用Sass编写CSS代码的相关知识与具体操作

三、本书配套资源及服务

本书提供了与内容同步的案例操作教学资源，读者可随时扫码学习。此外，本书免费提供电子课件、完整代码文档和实例源文件，读者可以扫描下方的二维码获取，也可以进入本书信息支持网站(http://www.tupwk.com.cn/downpage)下载。

扫一扫，看视频

扫码推送配套资源到邮箱

本书分为8章，其中陈奋编写了第3、6、7、8章，张晓兰编写了第1、2、4、5章。由于作者水平有限，本书难免有不足之处，欢迎广大读者批评指正。我们的邮箱是992116@qq.com，电话是010-62796045。

编　者

2024年11月

目录
-contents-

第1章 快速入门 1
- 1.1 Bootstrap概述 2
  - 1.1.1 Bootstrap的由来 2
  - 1.1.2 Bootstrap的发展历程 2
  - 1.1.3 Bootstrap浏览器支持 3
  - 1.1.4 选择Bootstrap的原因 4
- 1.2 下载Bootstrap 5
  - 1.2.1 下载源码版Bootstrap 7
  - 1.2.2 下载编译版Bootstrap 8
- 1.3 引入Bootstrap 9
- 1.4 布局容器 15
- 1.5 栅格系统 17
  - 1.5.1 基础知识 17
  - 1.5.2 自动布局列 21
  - 1.5.3 响应式布局类 25
  - 1.5.4 嵌套布局 28
  - 1.5.5 列布局 29
- 1.6 实战案例——企业网站首页 32
  - 1.6.1 案例概述 32
  - 1.6.2 设计页面导航区 33
  - 1.6.3 设计页面展示区 34
  - 1.6.4 添加搜索栏 34
  - 1.6.5 设计主体内容区 35
  - 1.6.6 设计两栏图文区 38
  - 1.6.7 添加footer区 39
  - 1.6.8 设计页面样式 40
- 1.7 思考与练习 44

第2章 基础样式 45
- 2.1 页面排版 46
- 2.2 标题 47
  - 2.2.1 Bootstrap标准标题 47
  - 2.2.2 内联子标题 49
  - 2.2.3 标题辅助文本 49
- 2.3 正文 49
  - 2.3.1 段落样式 50
  - 2.3.2 内联文本 51
- 2.4 文本块 52
  - 2.4.1 缩略语 52
  - 2.4.2 引用 53
  - 2.4.3 列表 54
  - 2.4.4 代码 57
- 2.5 图片 58
  - 2.5.1 响应式图片 58
  - 2.5.2 图片边框 59
  - 2.5.3 图片形状 60
- 2.6 轮廓 61
- 2.7 实战案例——在线简历模板 62
  - 2.7.1 案例概述 62
  - 2.7.2 设计布局 64
  - 2.7.3 制作信息栏 65
  - 2.7.4 制作导航条 67
  - 2.7.5 制作简历主页 67
- 2.8 思考与练习 73

第3章 组件库 75
- 3.1 正确使用Bootstrap组件 76
- 3.2 按钮和按钮组 79
  - 3.2.1 按钮 79
  - 3.2.2 按钮组 83
- 3.3 标签和徽章 85
  - 3.3.1 标签 85
  - 3.3.2 徽章 86
- 3.4 导航系统 87

|　　3.4.1　导航和导航条 ………………… 87
|　　3.4.2　下拉菜单 …………………………… 94
|　　3.4.3　列表组 ……………………………… 98
|　　3.4.4　分页 ………………………………… 100
| 3.5　进度条 …………………………………… 101
| 3.6　卡片和旋转器 ………………………… 102
|　　3.6.1　卡片 ………………………………… 103
|　　3.6.2　旋转器 ……………………………… 107
| 3.7　模态窗口 ………………………………… 111
| 3.8　提示组件 ………………………………… 113
|　　3.8.1　工具提示框 ……………………… 113
|　　3.8.2　弹出提示框 ……………………… 114
|　　3.8.3　警告框 ……………………………… 116
| 3.9　折叠组件和手风琴组件 …………… 117
|　　3.9.1　折叠组件 ………………………… 117
|　　3.9.2　手风琴组件 ……………………… 119
| 3.10　轮播组件 ……………………………… 121
| 3.11　滚动监听组件 ……………………… 124
|　　3.11.1　监听导航 ………………………… 124
|　　3.11.2　监听导航条 …………………… 125
| 3.12　实战案例——网站后台管理页面 … 128
|　　3.12.1　案例概述 ………………………… 128
|　　3.12.2　设计页面布局 ………………… 129
|　　3.12.3　设计导航栏 ……………………… 130
|　　3.12.4　设计左侧边栏 ………………… 134
|　　3.12.5　设计主功能区 ………………… 135
|　　3.12.6　设计版权区域 ………………… 138
| 3.13　思考与练习 …………………………… 139

第4章　工具类 ……………………………… 141

| 4.1　认识工具类 ……………………………… 142
|　　4.1.1　工具类的概念 …………………… 142
|　　4.1.2　工具类的命名 …………………… 143
|　　4.1.3　工具类的种类 …………………… 145
| 4.2　文本工具类 ……………………………… 146
|　　4.2.1　文本对齐和换行 ………………… 146
|　　4.2.2　文本字号和转换 ………………… 149
|　　4.2.3　字体粗细和斜体 ………………… 150

　　4.2.4　控制行高 …………………………… 151
　　4.2.5　文字修饰 …………………………… 152
4.3　颜色工具类 ……………………………… 153
　　4.3.1　文本颜色和背景颜色 ………… 153
　　4.3.2　链接颜色 …………………………… 154
4.4　边框工具类 ……………………………… 156
　　4.4.1　添加与删除边框 ………………… 156
　　4.4.2　圆角边框 …………………………… 157
4.5　边距工具类 ……………………………… 159
　　4.5.1　外边距和内边距 ………………… 159
　　4.5.2　响应式边距 ………………………… 160
4.6　宽度和高度工具类 …………………… 161
4.7　显示和浮动工具类 …………………… 163
　　4.7.1　显示工具类 ………………………… 163
　　4.7.2　浮动工具类 ………………………… 166
4.8　其他工具类 ……………………………… 167
　　4.8.1　位置工具类 ………………………… 167
　　4.8.2　阴影工具类 ………………………… 167
4.9　案例演练——旅行社旅游平台网页 … 168
　　4.9.1　案例概述 …………………………… 168
　　4.9.2　设计网页头部 …………………… 169
　　4.9.3　设计轮播 …………………………… 172
　　4.9.4　设计分类列表 …………………… 173
　　4.9.5　设计"旅游景点"页面 ………… 176
　　4.9.6　设计页脚部分 …………………… 182
4.10　思考与练习 …………………………… 184

第5章　弹性布局 …………………………… 185

5.1　定义弹性布局 …………………………… 186
5.2　弹性布局容器样式 …………………… 187
　　5.2.1　项目对齐工具类 ………………… 188
　　5.2.2　排列方向工具类 ………………… 191
　　5.2.3　项目换行工具类 ………………… 193
5.3　弹性布局项目样式 …………………… 194
　　5.3.1　项目排序工具类 ………………… 194
　　5.3.2　项目伸缩工具类 ………………… 195
　　5.3.3　自身对齐工具类 ………………… 199
　　5.3.4　自动浮动工具类 ………………… 200

5.4	实战案例——烧烤餐厅网页 …………… 201	
	5.4.1 案例概述 ………………………… 201	
	5.4.2 设计网页头部导航栏 …………… 202	
	5.4.3 添加轮播广告区 ………………… 204	
	5.4.4 设计网页主要内容 ……………… 205	
	5.4.5 添加页脚信息 …………………… 208	
5.5	思考与练习 ……………………………… 210	

第6章 表格样式 …………………… 211

- 6.1 Bootstrap基本表格 …………………… 212
- 6.2 Bootstrap表格类 ……………………… 214
- 6.3 面板中的表格 ………………………… 215
- 6.4 响应式表格 …………………………… 217
- 6.5 实战案例——在线教育平台网页 …… 220
  - 6.5.1 案例概述 ………………………… 220
  - 6.5.2 设计网页头部 …………………… 223
  - 6.5.3 设计"课程"和"大纲"模块 …… 228
  - 6.5.4 设计"学习路径"模块 …………… 233
  - 6.5.5 设计"教学团队"模块 …………… 235
  - 6.5.6 设计"问答"模块 ………………… 238
  - 6.5.7 设计页脚部分 …………………… 241
- 6.6 思考与练习 …………………………… 242

第7章 表单样式 …………………… 243

- 7.1 表单布局 ……………………………… 244
  - 7.1.1 水平表单 ………………………… 245
  - 7.1.2 内联表单 ………………………… 247
  - 7.1.3 复杂表单 ………………………… 249
- 7.2 表单控件 ……………………………… 251
  - 7.2.1 输入框 …………………………… 251
  - 7.2.2 单选按钮和复选框 ……………… 254
  - 7.2.3 下拉列表 ………………………… 257
  - 7.2.4 滑动条 …………………………… 258
  - 7.2.5 输入框组 ………………………… 259
- 7.3 表单校验 ……………………………… 260
- 7.4 实战演练——酒店入住订购网页 …… 263
  - 7.4.1 案例概述 ………………………… 263
  - 7.4.2 设计主页 ………………………… 264
  - 7.4.3 设计侧边栏 ……………………… 277
  - 7.4.4 添加登录模块 …………………… 280
- 7.5 思考与练习 …………………………… 281

第8章 定制与优化 ………………… 283

- 8.1 CSS预处理程序 ………………………… 284
  - 8.1.1 CSS预处理程序的概念 ………… 284
  - 8.1.2 引入CSS预处理程序的原因 …… 284
- 8.2 安装Ruby和Sass ……………………… 286
  - 8.2.1 安装Ruby ………………………… 286
  - 8.2.2 安装Sass ………………………… 287
- 8.3 Sass的基本应用 ……………………… 288
  - 8.3.1 使用变量 ………………………… 288
  - 8.3.2 计算功能 ………………………… 290
  - 8.3.3 选择器嵌套 ……………………… 290
  - 8.3.4 添加注释 ………………………… 292
  - 8.3.5 代码重用 ………………………… 293
  - 8.3.6 控制语句 ………………………… 297
- 8.4 思考与练习 …………………………… 300

第 1 章

快速入门

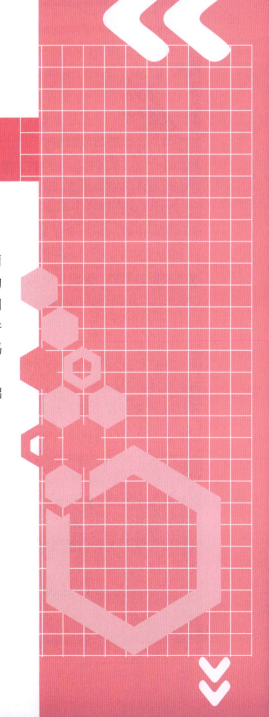

　　Bootstrap是基于HTML、CSS、JavaScript开发的简洁、直观、强悍的前端开发框架。它提供了许多现成的组件和样式，可以帮助用户快速搭建美观且响应式的网页。我们可以直接使用Bootstrap提供的各种工具和插件来快速实现网页的各种功能，从而省去很多烦琐的编码工作。

　　本章作为全书的开端，将主要介绍Bootstrap的基础知识，包括Bootstrap的由来、发展历程、浏览器支持、下载和安装Bootstrap的方法，以及布局容器、栅格系统。

1.1　Bootstrap概述

Bootstrap是一个简洁、直观、功能强大的Web前端开发框架，它集成了HTML、CSS和JavaScript技术，为网页快速开发提供了布局、网格、表格、按钮、表单、导航、提示、分页等组件。用户利用Bootstrap可以快速构建响应式网站，无须从头开始编写所有代码，也能制作出专业、美观的页面，从而极大地降低了Web前端开发的门槛，提高了工作效率。

1.1.1　Bootstrap的由来

Bootstrap由美国Twitter公司设计师Mark Otto和Jacob Thornton合作开发，是一个基于CSS、HTML、JavaScript的前端开发框架。

2010年6月，为了提高公司内部的协调性和工作效率，Twitter公司的几个前端开发人员自发成立了一个兴趣小组，该小组早期主要围绕一些具体产品展开讨论。在不断的讨论和实践中，他们逐渐确立了一个清晰的目标，希望设计一个统一的工具包，允许任何人在Twitter公司内部使用并不断对其进行完善和超越。后来这个工具包逐渐演化为一个有助于建立新项目的应用系统。在此基础上，Bootstrap的构想产生了。

2011年8月19日，Bootstrap第一个版本正式发布，Twitter公司宣布将其在GitHub上开源，当时Bootstrap的定位是"一个用于快速开发Web应用的前端工具包"，它集合了CSS和HTML的常见用法，并使用一些最新的浏览器技术，为开发者提供美观的网页排版、表单、按钮、表格、网格、导航和其他需要的组件。Bootstrap推出之后，其优雅的HTML和CSS规范很快便受到广大Web开发者的热烈欢迎。

1.1.2　Bootstrap的发展历程

2012年2月，Twitter公司在GitHub上发布了Bootstrap 2。此时，这个项目已拥有超过2万名关注者和4000个分支。Bootstrap 2在原有特性的基础上着重改进了用户的体验和交互性，比如增加媒体展示功能，适用于智能手机上多种屏幕规格的响应式布局；增加12款jQuery插件，可以满足Web页面常用的用户体验和交互功能。

2013年8月，Bootstrap 3发布，其最显著的变化是优先支持移动设备，然后支持桌面设备。在之前的Bootstrap版本中，用户需要手动引用另一个CSS，才能让整个项目友好地支持移动设备。而Bootstrap 3默认的CSS本身就能够对移动设备友好支持。

2015年8月，Twitter公司发布了Bootstrap 4内测版(Bootstrap 4是一次重大更新，几乎涉及每行代码)。与之前的版本相比，Bootstrap 4拥有了更多具体的类，并把一些有关的部分变成了相关的组件。同时，Bootstrap.min.css的体积减小了40%以上。

相比Bootstrap 3，Bootstrap 4的主要变化如表1-1所示。

表1-1 Bootstrap 4相比Bootstrap 3的变化

变　　化	说　　明
从Less迁移到Sass	Bootstrap编译速度比以前更快
改进网格系统	新增一个网格层适配移动设备，并整顿语义混合
支持选择弹性盒模型(Flexbox)	利用Flexbox的优势实现快速布局
废弃了wells、thumbnails和panels	使用Cards(卡片)替代
将所有HTML重置样式表整合到Reboot中	在用不了Normalize.css的地方可以用Reboot，它提供了更多选项。例如box-sizing:border-box、margin tweaks等都存放在一个单独的Sass文件中
新的自定义选项	Bootstrap 4不再像之前版本一样，将渐变、淡入淡出、阴影等效果分别放在单独的样式表中，而是将所有选项都移到一个Sass变量中。开发者可以通过Sass变量和自定义选项自定义样式和行为，比如想定义一个默认效果，只要更新变量值然后重新编译即可
不再支持IE 8浏览器，使用rem和em单位	Bootstrap 4放弃对IE 8浏览器的支持意味着开发者可以放心地利用CSS的优点，不必研究css hack技巧或回退机制。使用rem和em代替px单位，更适合制作响应式布局，控制组件大小
重写所有JavaScript插件	为了利用JavaScript的新特性，Bootstrap 4用ES6重写了所有插件，提供UMD支持、模块化重构、选项类型检查等特性
改进工具提示(tooltips)和弹窗(popovers)自动定位	优化定位可以极大提高用户体验
改进文档	Bootstrap 4所有文档以Markdown格式重写，添加了一些方便的插件组织示例和代码片段
更多变化	Bootstrap 4支持自定义窗体控件、空白和填充类，以及新的程序类等

2021年5月，Bootstrap 5正式发布，其带来很多新特性。

- 全新的标志，以及官网文档更新了全新的视觉样式。
- 不再依赖jQuery，文件更小，并提高了页面加载速度。
- 放弃了对Internet Explorer的支持，CSS可以使用自定义属性。
- 网格系统、表格等组件的优化更新。
- 新增了全新的画布组件，表单和输入组件也得到了大量更新。

1.1.3　Bootstrap浏览器支持

表1-2和表1-3所示为Bootstrap 4对移动设备浏览器和桌面浏览器的支持情况。

表1-2 Bootstrap 4对移动设备浏览器的支持情况

系统	Chrome	Firefox	Safari	Android Browser & WebView
安卓(Android)	是	是	否	Android v5.0+支持
苹果(iOS)	是	是	是	否

表1-3 Bootstrap 4对桌面浏览器的支持情况

系统	Chrome	Firefox	Internet Explorer	Microsoft Edge	Opera	Safari
macOS	是	是	否	否	是	是
Windows	是	是	IE 10+支持	是	是	否

表1-4和表1-5所示为Bootstrap 5对移动设备浏览器和桌面浏览器的支持情况。

表1-4 Bootstrap 5对移动设备浏览器的支持情况

系统	Chrome	Firefox	Safari	Android Browser & WebView
安卓(Android)	是	是	否	Android v6.0+支持
苹果(iOS)	是	是	是	否

表1-5 Bootstrap 5对桌面浏览器的支持情况

系统	Chrome	Firefox	Internet Explorer	Microsoft Edge	Opera	Safari
macOS	是	是	否	是	是	是
Windows	是	是	否	是	是	否

这里需要注意的是：虽然 Bootstrap 在 Chromium、Linux 版 Chrome、Linux 版 Firefox 上也表现得很不错，但这些版本的浏览器是不被 Bootstrap 官方支持的。

1.1.4 选择Bootstrap的原因

Bootstrap一经推出后就颇受欢迎，一直是GitHub上的热门开源项目。以下是Bootstrap团队整理出的Bootstrap发布十年间的里程碑。

- Bootstrap 的文档浏览量超过25亿次(每天的浏览量超过685 000次)。
- 从2015年开始到2020年为止，Bootstrap的npm(node package manager)下载量为394 000 000，其中仅 2020年就有超过1.31亿次下载。在2015年之后的6年中，每天的平均下载量为180 000 次。
- 在RubyGems的下载量为 5000 万次；在NuGet的下载量为5700万次；在 Packagist 进行安装的数量为750万次。
- 被全网超过 22% 的网站使用。

- 被GitHub上的270万个项目使用。
- 在GitHub上进行了超过21 100次的commit，其中包含近35 000个问题和拉取请求。

此外，包括MSNBC(微软全国广播公司)的Breaking News在内的许多网站，都使用了该项目。国内一些移动开发者较为熟悉的框架，如WeX5前端开源框架等，也是基于Bootstrap源码进行性能优化而来的。

那么，为什么大家都这么喜欢用Bootstrap呢？

据调查，Bootstrap之所以被广泛使用，主要是因为它结合了多种前端开发框架中的优势和功能，使其成为一个非常实用且易于上手的工具包。下面解释Bootstrap如此受欢迎的原因。

(1) Bootstrap完全开源，久经考验，减少了测试的工作量。

(2) Bootstrap的代码有非常良好的代码规范。在学习和使用Bootstrap时，开发者可以养成良好的编码习惯，且在Bootstrap的基础之上创建项目，这也使得代码的维护变得简单。

(3) Bootstrap基于Less打造并且也有基于Sass的版本。Less和Sass是CSS的预处理技术。正因如此，Bootstrap一经推出就包含了一个非常实用的Mixin库供开发者调用，从而可以使项目开发过程中对CSS的处理更加简单。

(4) Bootstrap支持响应式开发。Bootstrap响应式的网格系统(Grid System)非常先进，它已经搭建好了实现响应式设计的基础框架，并且非常容易修改。对于新用户而言，Bootstrap可以帮助其在非常短的时间内上手响应式布局的设计。

(5) Bootstrap拥有丰富的组件与插件。Bootstrap的HTML组件和JavaScript组件非常丰富，并且代码简洁，易于修改。同时，由于Bootstrap应用广泛，又出现了许多围绕Bootstrap开发的JavaScript插件，这就使得项目开发工作效率得到了极大提升。

(6) Bootstrap适用于各种技术水平的用户。无论是软件设计师还是程序开发人员，不论是骨灰级大牛还是刚入门的新手，使用Bootstrap既可以开发简单的小项目，也能够构造复杂的应用。

1.2 下载Bootstrap

下载Bootstrap之前，应先确保系统中安装好一款网页编辑器，例如WebStom、Visual Studio Code、HBuilder、Sublime Text3、Atom、Dreamweaver(本书使用Dreamweaver软件)。此外，用户还应该对自己的网页制作水平进行初步评估，至少需要掌握HTML和CSS技术，以便在网页设计和项目开发中轻松学习和使用Bootstrap。

Bootstrap提供了几个帮助用户快速上手的方式，每种方式都针对不同级别的开发者和不同的使用场景。用户可以通过Bootstrap的官方网站下载Bootstrap压缩包，网址如下。

- 官方网站：http://getbootstrap.com
- 中文网站：http://www.bootcss.com

进入Bootstrap官方网站后，可以选择需要下载的Bootstrap版本(包括Bootstrap 3、Bootstrap 4和Bootstrap 5)，如图1-1所示。

图1-1 Bootstrap 官方网站

这里需要注意的是，Bootstrap 3、Bootstrap 4和Bootstrap 5存在以下区别。

(1) 设计语言和外观的区别。Bootstrap 3使用扁平化设计语言，重点放在了更加简洁和明朗的视觉元素上。Bootstrap 4和Bootstrap 5则更加注重卡片和阴影，并且增加了一些新的颜色选项和样式，以提供更多的定制性选择。Bootstrap 5进一步强调了简化和现代化的外观，使用更少的CSS和JavaScript来实现相同的功能。此外，Bootstrap 4和Bootstrap 5使用了更加现代的设计语言，包括更大的字体和更大的间距。

(2) 移动优化。虽然Bootstrap 3已经采用响应式设计，但Bootstrap 4和Bootstrap 5更注重移动设备的支持和可访问性。Bootstrap 4和Bootstrap 5使用更加现代的CSS技术，如Flexbox和Grid，来提供更好的响应式支持和可访问性。此外，Bootstrap 5中还增加了一些新的移动端优化功能，如改进的移动端导航菜单。

(3) 网格系统。Bootstrap的网格系统是其最重要的组成部分之一，用于构建响应式布局。Bootstrap 3使用基于像素的栅格系统，而Bootstrap 4和Bootstrap 5使用基于rem单位的栅格系统，这使得栅格更加灵活。此外，Bootstrap 4和Bootstrap 5的栅格系统允许设计者轻松地创建更加复杂的布局，而不需要使用额外的CSS。Bootstrap 5中的栅格系统还增加了一些新的功能，如栅格间隔的自定义和响应式间隔。

(4) CSS类名称。Bootstrap 4和Bootstrap 5中的一些CSS类名称与Bootstrap 3中有所不同，设计者在使用时可能需要更新代码，以便与新的版本兼容。例如，Bootstrap 4和Bootstrap 5中的栅格类名称已经发生了变化，.col-xs-*被移除，变成了.col-*。

(5) JavaScript插件。Bootstrap提供了许多常用的JavaScript插件，例如模态框、轮播图等。在Bootstrap 4和Bootstrap 5中，框架对这些组件进行了优化和改进，并引入了一些新的功能。

(6) 对JavaScript库的依赖。Bootstrap 4和Bootstrap 5中的一些插件对于其他JavaScript库的依赖发生了变化。例如，Bootstrap 4和Bootstrap 5中的轮播插件依赖jQuery库，而Bootstrap 3中的轮播插件则不需要jQuery库。此外，Bootstrap 4和Bootstrap 5中的一些插件使用了JavaScript库，如Popper.js。

(7) 可定制性。Bootstrap 4和Bootstrap 5相对于Bootstrap 3来说更加注重可定制性。Bootstrap 4和Bootstrap 5中的许多组件和样式，都可以通过变量和mixin来自定义。

在图1-1所示的网站页面中选择合适的Bootstrap后，将打开相应的下载页面。Bootstrap的压缩包包含两个版本，一个是供学习使用的源码版，一个是供直接引用的编译版。

1.2.1　下载源码版Bootstrap

单击图1-1中的"Bootstrap (版本号)中文文档"链接后，在打开的页面中单击"下载"链接，打开图1-2所示的Bootstrap下载页面，在该页面中单击"下载Bootstrap源码"按钮，即可下载源码版Bootstrap压缩包，其中包含Bootstrap库中所有的源文件以及参考文档。

图1-2　下载 Bootstrap

下载源码版Bootstrap后，解压Bootstrap(版本号).zip文件，就可以看到其中包含的所有文件。Bootstrap源码版中包含了预编译的CSS和JavaScript资源，以及源Scss、JavaScript、例子和文档，其核心结构如图1-3所示，其他文件则是对整个Bootstrap开发、编译提供支持的文件及授权信息、支持文档。

(1) dist文件夹包含了编译版Bootstrap包中的所有文件。

(2) docs文件夹是开发者文件夹。

(3) examples文件夹是Bootstrap例子文件夹。

1.2.2　下载编译版Bootstrap

如果用户需要快速使用Bootstrap，可以在图1-2所示的下载页面中单击"下载Bootstrap生产文件"按钮，直接下载经过编译、压缩后的发布版。编译版的Bootstrap文件仅包括CSS文件和JavaScript文件(Bootstrap中删除了字体图标文件)。用户直接复制压缩包中的文件到网站目录，导入相应的CSS文件和JavaScript文件，即可在网站和页面中应用Bootstrap。

下载编译版Bootstrap后，解压bootstrap-(版本号)-dist.zip文件可以看到该压缩包中包含的所有文件，如图1-4所示。Bootstrap提供了两种形式的压缩包，在下载的压缩包内的文件按照类别存放在不同的目录内，并提供了压缩和未压缩两种版本。

其中，bootstrap.*是预编译文件，bootstrap.min.*是编译且压缩后的文件，用户可以根据需要选择引用。bootstrap.*.map格式的文件是Source map文件，需要在特定的浏览器开发者工具下才可以使用。

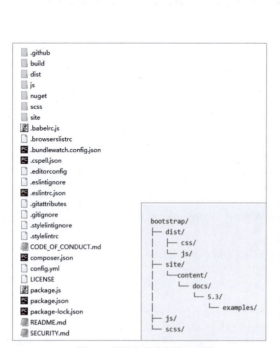

图1-3　源码文件夹和核心结构

图1-4　编译版Bootstrap文件结构

我们可以将Bootstrap理解为别人事先写好的CSS样式，下载Bootstrap后打开其css文件夹中的CSS文件(例如bootstrap.css)，可以看到其中包含了许多已经写好的CSS样式，如图1-5所示。

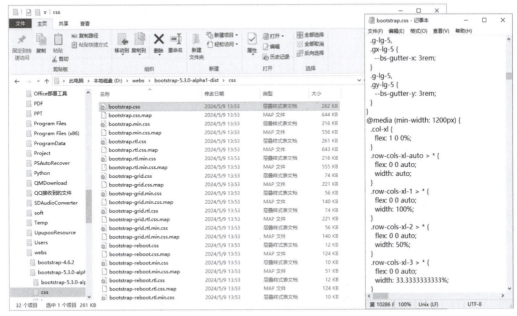

图 1-5　Bootstrap 中包含的 CSS 文件

在网页中引入这些CSS样式，就可以使用这些样式快速制作出效果精美的页面效果。下一节，我们将介绍引入Bootstrap的方法。

1.3　引入Bootstrap

下载Bootstrap后，在网页中引入Bootstrap框架的方法很简单。同引入其他CSS或JavaScript文件一样，使用<script>标签引入JavaScript文件，使用<link>标签引入CSS文件。

【示例1-1】在项目中引入Bootstrap，制作一个轮播图。

01　使用任意网页编辑器(例如Dreamweaver)，创建一个空白网页，将网页保存在项目文件夹后，将下载的Bootstrap文件(如bootstrap-5.3.0-alpha1-dist)也保存在项目文件夹中。

02　如图1-6所示，在网页代码的<title>标签之后添加<link>标签以引入CSS文件：

```
<link rel="stylesheet" href="bootstrap-5.3.0-alpha1-dist/css/bootstrap.css">
```

或

```
<link rel="stylesheet" href="bootstrap-5.3.0-alpha1-dist/css/bootstrap.min.css">
```

03　在<body>标签中使用<script>标签引入JavaScript文件：

```
<script src="bootstrap-5.3.0-alpha1-dist/js/bootstrap.min.js"></script>
```

9

图 1-6　引入 CSS 文件和 JavaScript 文件

04 再次访问Bootstrap中文网站，在网站页面左侧的列表中选择Carousel选项，在显示的页面中找到一种合适的图片轮播样式，然后复制其代码，如图1-7所示。

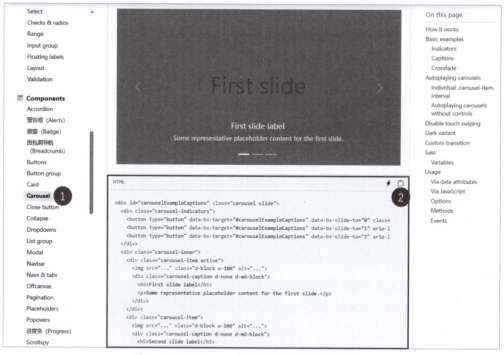

图 1-7　复制 Bootstrap 官方网站提供的图片轮播代码

05 将准备好的轮播图片保存至项目文件夹的images子文件夹中(文件名分别为ank01.png、ank02.png和ank03.png)，然后在图片轮播代码中分别填入轮播图片路径(images/ank01.png、images/ank02.png、images/ank03.png)。

06 为轮播代码添加一个容器<div class="container">，将图片轮播代码包裹在其中，如图1-8所示。

```
 1    <!doctype html>
 2  ▼ <html lang="zh-cn">
 3  ▼ <head>
 4      <meta charset="utf-8">
 5      <meta name="viewport" content="width=device-width, initial-scale=1">
 6      <title>轮播图</title>
 7      <link rel="stylesheet" href="bootstrap-5.3.0-alpha1-dist/css/bootstrap.css">
 8    </head>
 9  ▼ <body>
10    <div class="container">
11  ▼   <div id="carouselExampleIndicators" class="carousel slide">
12  ▼     <div class="carousel-indicators">
13          <button type="button" data-bs-target="#carouselExampleIndicators" data-bs-slide-to="0" class="active" aria-current="true" aria-label="Slide 1"></button>
14          <button type="button" data-bs-target="#carouselExampleIndicators" data-bs-slide-to="1" aria-label="Slide 2">
            </button>
15          <button type="button" data-bs-target="#carouselExampleIndicators" data-bs-slide-to="2" aria-label="Slide 3">
            </button>
16        </div>
17  ▼     <div class="carousel-inner">
18          <div class="carousel-item active"> <img src="images/ank01.png" class="d-block w-100" alt="家具1"> </div>
19          <div class="carousel-item"> <img src="images/ank02.png" class="d-block w-100" alt="家具2"> </div>
20          <div class="carousel-item"> <img src="images/ank03.png" class="d-block w-100" alt="家具3"> </div>
21        </div>
22        <button class="carousel-control-prev" type="button" data-bs-target="#carouselExampleIndicators" data-bs-slide="prev"> <span class="carousel-control-prev-icon" aria-hidden="true"></span> <span class="visually-hidden">Previous</span> </button>
23        <button class="carousel-control-next" type="button" data-bs-target="#carouselExampleIndicators" data-bs-slide="next"> <span class="carousel-control-next-icon" aria-hidden="true"></span> <span class="visually-hidden">Next</span> </button>
24      </div>
25    </div>
26    <script src="bootstrap-5.3.0-alpha1-dist/js/bootstrap.min.js"></script>
27    </body>
28    </html>
```

图 1-8 为轮播代码添加容器

07 保存并预览网页,图片轮播效果如图1-9所示。

图 1-9 轮播图效果

除了使用上面介绍的方法引入Bootstrap,Bootstrap官方网站为Bootstrap构建了CDN加速服务。使用这种方式引入,访问速度快、加速效果明显。用户可以直接复制网站http://www.bootcss.com上提供的入门模板代码(采用CDN方式引入Bootstrap)来创建网页。

【示例1-2】使用Bootstrap中文网站中提供的模板代码快速制作一个登录网页。

01 访问图1-2所示的Bootstrap官方网站后,在网站页面左侧的列表中选择"简介"选项,然后先复制页面中提供的模板代码,将其粘贴至网页编辑器中后,再复制模板代码下方的代码,引入JavaScript库,如图1-10所示。

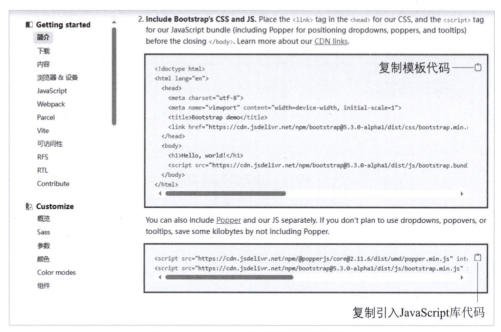

图1-10　Bootstrap 中文网站提供的模板代码

02 将复制的引入JavaScript库代码粘贴到模板代码的\<body\>标签中，此时网页呈现的效果如图1-11所示。

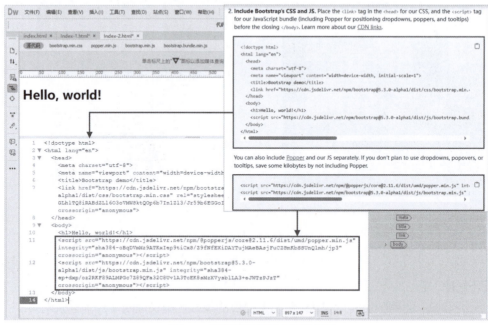

图1-11　将模板代码放入网页编辑器

03 再次访问Bootstrap中文网站，在网站页面左侧的列表中找到Forms区域，选择Overview选项后，复制图1-12所示的登录框代码。

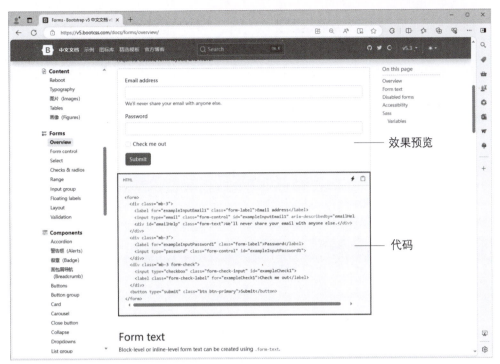

图 1-12 复制 Bootstrap 网站上提供的登录框代码

04 将复制的代码粘贴至图1-11所示模板代码的<body>标签中，并删除<h1>Hello, world!</h1>。此时，网页编辑器的实时视图中将显示图1-13所示的网页预览效果。

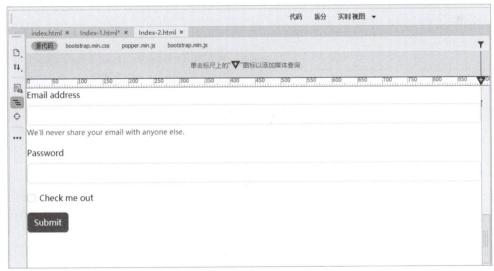

图 1-13 网页添加登录框后的实时预览效果

05 为表单代码添加一个布局容器<div class="container h-100">，将登录框代码包裹在其中，将其高度设置为100%，如图1-14所示。

```
 9 ▼ <body>
10 ▼   <div class="container h-100">
11 ▼     <form>
12 ▼       <div class="mb-3">
13            <label for="exampleInputEmail1" class="form-label">Email address</label>
14            <input type="email" class="form-control" id="exampleInputEmail1" aria-
              describedby="emailHelp">
15            <div id="emailHelp" class="form-text">We'll never share your email with anyone else.
              </div>
16         </div>
17 ▼       <div class="mb-3">
18            <label for="exampleInputPassword1" class="form-label">Password</label>
19            <input type="password" class="form-control" id="exampleInputPassword1">
20         </div>
21 ▼       <div class="mb-3 form-check">
22            <input type="checkbox" class="form-check-input" id="exampleCheck1">
23            <label class="form-check-label" for="exampleCheck1">Check me out</label>
24         </div>
25         <button type="submit" class="btn btn-primary">Submit</button>
26       </form>
27     </div>
28     <script src="https://cdn.jsdelivr.net/npm/@popperjs/core@2.11.6/dist/umd/popper.min.js"
           integrity="sha384-oBqDVmMz9ATKxIep9tiCxS/Z9fNfEXiDAYTujMAeBAsjFuCZSmKbSSUnQlmh/jp3"
           crossorigin="anonymous"></script>
29     <script src="https://cdn.jsdelivr.net/npm/bootstrap@5.3.0-alpha1/dist/js/bootstrap.min.js"
           integrity="sha384-ep+dxp/oz2RKF89ALMPGc7Z89QFa32C8Uv1A3TcEK8sMzXVysblLA3+eJWTzPJzT"
           crossorigin="anonymous"></script>
30   </body>
31 </html>
```

图 1-14　调整页面布局样式

06 在<body>标签之前添加图 1-15 所示的 CSS 代码，设置 HTML 和 BODY 的高度、网页背景图片、背景覆盖效果，以及关于.container 类的样式定义(注意要将网页背景图片 bj-01.png 和网页文件保存在同一个文件夹中)。

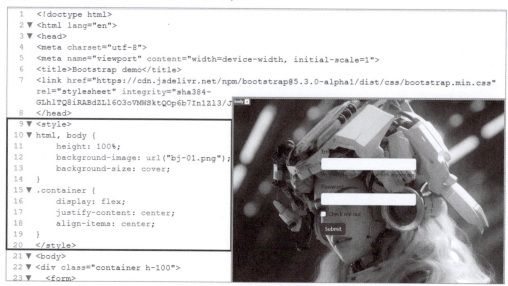

图 1-15　设置网页背景和容器效果

07 在<form>标签中添加以下类，设置表单在页面中的位置、背景色(dark，即黑色)、边框线样式、阴影效果及背景透明度(50%)：

```
<form class="p-5 border border-dark-subtle shadow-lg bg bg-dark bg-opacity-50">
```

08 添加图 1-16 所示的样式类 text-white，将表单中的文本颜色设置为白色。

```
21 ▼ <body>
22 ▼   <div class="container h-100">
23 ▼     <form class="p-5 border border-dark-subtle shadow-lg bg bg-dark bg-opacity-50">
24 ▼       <div class="mb-3">
25           <label for="exampleInputEmail1" class="form-label text-white">Email address</label>
26           <input type="email" class="form-control" id="exampleInputEmail1" aria-describedby="emailHelp">
27           <div id="emailHelp" class="form-text text-white">We'll never share your email with anyone else.</div>
28         </div>
29 ▼       <div class="mb-3">
30           <label for="exampleInputPassword1" class="form-label text-white">Password</label>
31           <input type="password" class="form-control" id="exampleInputPassword1">
32         </div>
33 ▼       <div class="mb-3 form-check text-white">
34           <input type="checkbox" class="form-check-input" id="exampleCheck1">
35           <label class="form-check-label" for="exampleCheck1">Check me out</label>
36         </div>
37         <button type="submit" class="btn btn-primary w-100">Submit</button>
38       </form>
39     </div>
```

图 1-16　设置表单中文本的颜色为白色

09 在<button>标签中添加样式类w-100，设置表单中按钮的宽度为100%，完成登录网页的制作后，保存并预览网页，效果如图1-17所示。

图 1-17　设置按钮宽度后预览网页效果

1.4　布局容器

　　Bootstrap 中定义了两个容器类，分别为.container和.container-fluid(示例1-1和示例1-2采用的是.container)。容器是Bootstrap中最基本的布局元素，在使用默认网格系统时是必需的。container容器和container-fluid容器最大的不同之处在于宽度的设定。

  container容器会根据屏幕宽度的不同，利用媒体查询设定固定的宽度，当改变浏览器的大小时，页面会呈现阶段性变化。这意味着container容器的最大宽度在每个断点(Bootstrap预定义的设备宽度)都发生变化。

  .container类的样式代码如下：

```css
.container {
    width: 100%;
    padding-right: 15px;
    padding-left: 15px;
    margin-right: auto;
    margin-left: auto;
}
```

在每个断点中，container容器的最大宽度如以下代码所示：

```css
@media (min-width: 576px) {
  .container {
    max-width: 540px;
  }
}
@media (min-width: 768px) {
  .container {
    max-width: 720px;
  }
}
@media (min-width: 992px) {
  .container {
    max-width: 960px;
  }
}
@media (min-width: 1200px) {
  .container {
    max-width: 1140px;
  }
}
```

  container-fluid容器则会保持全屏大小，始终保持100%的宽度。container-fluid用于一个全宽度容器，当需要一个元素横跨视口的整个宽度时，可以添加.container-fluid类。

  .container-fluid类的样式代码如下：

```css
.container-fluid {
    width: 100%;
    padding-right: 15px;
    padding-left: 15px;
```

```
        margin-right: auto;
        margin-left: auto;
}
```

以示例1-2制作的登录网页为例，分别使用.container类和.container-fluid类来创建容器，在浏览器中显示的效果如图1-18所示。

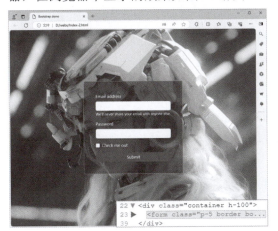
使用 container 容器

使用 container-fluid 容器

图 1-18　容器效果

1.5　栅格系统

Bootstrap提供了一个以移动设备为优先考虑对象的强大栅格系统，该系统构建于一个12列的布局基础之上，并包括5个不同的响应级别，以适配各种屏幕尺寸。该系统支持使用Sass Mixins进行灵活配置，同时结合了丰富的预定义CSS和JavaScript类。这使得开发者能够轻松创建多样的布局，满足不同形状和尺寸的设计需求。

1.5.1　基础知识

Bootstrap内置的栅格系统主要用于页面布局。栅格系统可以看作由一系列相交的垂直列组成的格子，用来承载网页的内容。页面布局通过一系列布局类来实现，其中包括指定列的宽度、偏移和排序等属性。

在开始使用栅格系统之前，用户需要先了解其基础知识。在栅格布局中，视口和断点是至关重要的概念。

1. 视口和断点

Bootstrap是一个强大的前端框架，支持响应式页面设计，其核心理念是以移动设备为优先考虑对象。在实现页面的响应式布局时，Bootstrap利用了CSS3的媒体查询来设定断点，通过这些断点，可以轻松地在不同设备或不同视口尺寸下调整页面布局，确保用户在各种设备上都能够获得出色的浏览体验。

1) 视口

视口是响应式布局领域中至关重要的概念。与浏览器窗口不同，视口指的是当前正在查看的页面区域。对于浏览器来说，视口是指浏览器窗口中除去标题栏和菜单栏之外用于显示网页内容的部分。当网页内容较多时，视口仅包含当前可见的内容。视口大小受多种因素影响，包括屏幕大小、是否处于全屏模式以及页面是否被缩放等。总的来说，视口是浏览器中可见的页面部分。

在HTML页面的head标记中使用meta元素来定义视口。

01 在<head>标记中添加<meta>标签，并指定viewport视口属性：

```
<meta name="viewport" content="width=device-width, initial-scale=1.0">
```

02 在content属性中，可以通过width=device-width参数设置视口宽度等于设备的屏幕宽度，确保网页内容适配设备宽度；通过initial-scale=1.0参数设置初始缩放比例为1.0，确保网页内容以原始大小显示，不进行缩放。

03 如果需要禁止用户缩放页面，可以添加user-scalable=no参数：

```
<meta name="viewport" content="width=device-width, initial-scale=1.0, user-scalable=no">
```

2) 断点

断点是Bootstrap预定义的设备宽度。针对不同的设备宽度，可以设计不同的页面布局，从而实现响应式页面设计的目标。

断点在Bootstrap中是通过Sass来定义的(Sass的相关内容将在本书后面的章节中介绍)，Sass中关于栅格系统中断点变量$grid-breakpoints的定义代码如下：

```
$grid-breakpoints: (
  xs: 0,
  sm: 576px,
  md: 768px,
  lg: 992px,
  xl: 1200px,
  xxl: 1400px
) !default;
```

从以上代码可以看出，Bootstrap为xs、sm、md、lg、xl、xxl等设备设置了不同的阈值，以适配不同类型的设备。需要指出的是，Bootstrap中的元素通常使用em或rem作为长度单位，但在栅格布局中描述断点时采用的是px，主要原因是视口宽度以像素为单位，且不受文字大小的影响。断点在响应式设计中起着关键作用，其具有以下主要特点。

- 断点允许设计者根据不同设备的宽度来调整布局和样式，确保页面在各种设备上都能正确显示和操作。
- 断点可以根据设计需求进行定制和调整，使得设计更加灵活，能够适应不同的屏幕尺寸和设备类型。

- 使用断点可以实现响应式布局,使得网站或应用能够自适应不同的屏幕大小,提供更好的用户体验。
- 合理设置断点可以优化页面加载性能,避免不必要的资源浪费和布局错乱。
- 断点通常使用像素单位(px)来描述,由于视口宽度是以像素为单位测量的,因此不会受文字大小的影响。

2. 栅格布局的原则

Bootstrap 的栅格系统使用容器、行和列来对齐内容,可以适应 6 种不同类型的设备。栅格布局遵循以下原则。

(1) 在栅格布局中,行应当放置在使用 .container 类、.container-{breakpoint} 类或 .container-fluid 类定义的容器内。这样,容器中的内容可以居中并水平放置,从而获得恰当的对齐方式和内边距(这里所提到的 breakpoint 是指断点,对应不同的设备类型)。

(2) 行是一个水平布局的容器,用于包裹列,可以使用 .row 类来创建列的水平组,页面元素应该放置在列内,且仅有列可以是行的直接子元素。每列都有水平间隙(gutter),用于控制列的间距。列有多种形式,通过 .col-{breakpoint}-{value} 类来表示。这里 breakpoint 是断点,而 value 的最大取值为 12,表示每行最多可以有 12 列。允许创建跨多列的不同元素的组合。例如 .col-4 类表示跨越 4 列,.col-sm-3 则表示在 sm 型设备上跨越 3 列。列的宽度是按百分比设置的,因此相对页面宽度总是相同的。

(3) Bootstrap 的栅格系统支持 6 个响应断点。这些断点基于最小宽度的媒体查询创建,意味着一个断点会影响该断点及其上的所有断点。举例来说,.col-sm-4 类适用于 sm、md、lg、xl 和 xxl 等设备。因此,可以通过不同的断点控制容器和列的大小及行为。

(4) 间隙(gutter)支持响应和定制。在断点上使用 gutter 可以设置行和列之间的距离。水平间隙使用 .gx-{value} 类来描述,垂直间隙使用 .gy-{value} 类来描述,水平和垂直间隙则可以使用 .g-{value} 类来描述,其中 value 的取值范围为 0~5。如果想要移除间隙,可以使用 .g-0 类。

3. Bootstrap 设备参数

对应 Bootstrap 的断点设置,栅格系统使用 6 种不同类型的设备来适应 6 个默认断点(也可以在 Sass 中自定义任何断点)。6 种不同类型的设备包括表 1-6 所示的超小型设备(xs)、小型设备(sm)、中型设备(md)、大型设备(lg)、特大型设备(xl)和超大型设备(xxl)。

表1-6 Bootstrap 设备参数

设备类型	超小型设备 (<576px)	小型设备 (≥576px, <768px)	中型设备 (≥768px, <992px)	大型设备 (≥992px, <1200px)	特大型设备 (≥1200px, <1400px)	超大型设备 (≥1400px)
网格表现	总是水平排列	开始时堆叠在一起,当设备(视口)宽度大于阈值时呈水平排列				
.container 最大宽度	无(自动)	540px	720px	960px	1140px	1320px

(续表)

类前缀	.col-	.col-sm-	.col-md-	.col-lg-	.col-xl-	.col-xll-
列数	12					
槽宽	30px(每列两边均有15px)					
是否可嵌套	允许					
是否为列排序	允许					

从表1-6可以看到，对于超小型设备来说类前缀为.col-，并未指定设备类型，主要原因是Bootstrap遵循移动优先原则，只要不指明设备类型，默认按照最小设备看待。

4. 栅格系统的核心类

Bootstrap的栅格系统使用响应式布局。栅格系统基于12列的网格，未指定宽度的列会自动平均分配可用空间。Bootstrap 5采用Flexbox布局实现栅格系统，与Bootstrap 3的浮动布局方式不同。栅格布局主要使用下面的类。

(1) .container类、.container-{breakpoint}类和.container-fluid类。在栅格布局中，.container类是默认容器，主要用于包裹页面内容，提供水平居中和响应式的布局；.container-{breakpoint}类用于响应不同类型的设备，对于不同类型的设备分别有一个预设的最大宽度；.container-fluid类不区分设备类型，宽度均设置为100%，即占据设备全部视口宽度。

(2) .row类。.row 类用于定义栅格系统中的一个行容器。在Bootstrap中，.row 类通过display: flex 实现弹性布局，使得其内容能够根据弹性布局规则排列。.row 类还设置了负的左右边距(margin-left 和 margin-right)，以抵消栅格列的外边距，从而确保列在行内的正确对齐和布局。.row类的定义代码如下：

```css
.row {
    --bs-gutter-x: 1.5rem;
    --bs-gutter-y: 0;
    display: flex;
    flex-wrap: wrap;
    margin-top: calc(var(--bs-gutter-y) / -1);
    margin-bottom: calc(var(--bs-gutter-y) / -1);
    margin-right: calc(var(--bs-gutter-x) / -.5);
    margin-left: calc(var(--bs-gutter-x) / -.5);
}
```

这里需要说明的是，在.row类的定义代码中，使用了两个原生变量--bs-gutter-x和--bs-gutter-y，calc()和var()是CSS3中增加的用于计算的函数。

(3) .col-{breakpoint}-{value}类。.col-{breakpoint}-{value} 类用于定义栅格布局中的一列，实质上代表着一个具体的栅格单元。通过这种类名的组合方式，Bootstrap栅格系统的灵活性得到了显著提升。在这个组合类名中，{breakpoint} 用于表示针对不同设备类型的情况，可以是空值(适用于所有设备)、sm(小型设备)、md(中型设备)、lg(大型设备)、xl(特大型设备)或 xxl(超大型设备)；而 {value} 则指明该列在一行中占据的列数，其取值范围为 1～12，代表着该列占据12列栅格中的几列。通过这种巧妙的组合方式，Bootstrap 提供了丰富的栅格布局选项，使得用户能够针对不同设备和布局需求创建出多样化且具有响应性的网页布局。下面是Bootstrap 5中两个栅格列的定义代码。

```
.col-md-3 {
  flex: 0 0 auto;
  width: 25%;
}
@media (min-width: 768px) {
  .col-md-3 {
    flex: 0 0 25%;
    max-width: 25%;
  }
}
.col-5 {
  flex: 0 0 auto;
  width: 41.66666667%;
}
@media (min-width: 576px) {
  .col-5 {
    flex: 0 0 41.66666667%;
    max-width: 41.66666667%;
  }
}
```

.col-md-3类表示在md型设备上占据3列的宽度；.col-5类没有指定设备类型，表示占据最小类型设备的5列。

(4) .gx-{value}类、.gy-{value}类和.g-{value}类。这3个样式类应用在行上，用于设置行和列的间距。其中，.gx-{value}类用来设置水平间距；gy-{value}类用于设置垂直间距；.g-{value}类用于设置水平间距和垂直间距。其中，value的取值范围为0~5，分别表示 0rem、0.25rem、0.5rem、1rem、1.5rem、3rem。

1.5.2 自动布局列

自动布局列是Bootstrap网格系统的一部分，利用特定于断点的列类(例如.col-sm-6 类)，可以轻松地调整列大小，而无须使用明确样式。

1. 等宽列

1) 所有列等宽

所有列等宽适用于从xs型到xxl型的每种设备或视口。为设备的行添加.col类，可以实现每个列的宽度都相同。

【示例1-3】实现所有列等宽，效果如图1-19所示。

```html
<div class="container text-center">
  <div class="row">
    <div class="col border py-3 bg-light">1 of 2</div>
    <div class="col border py-3 bg-light">1 of 2</div>
  </div>
  <div class="row">
    <div class="col border py-3 bg-light">1 of 3</div>
    <div class="col border py-3 bg-light">1 of 3</div>
    <div class="col border py-3 bg-light">1 of 3</div>
  </div>
  <div class="row">
    <div class="col border py-3 bg-light">1 of 12</div>
    <div class="col border py-3 bg-light">1 of 12</div>
    <div class="col border py-3 bg-light">1 of 12</div>
    <div class="col border py-3 bg-light">1 of 12</div>
    <div class="col border py-3 bg-light">1 of 12</div>
    <div class="col border py-3 bg-light">1 of 12</div>
    <div class="col border py-3 bg-light">1 of 12</div>
    <div class="col border py-3 bg-light">1 of 12</div>
    <div class="col border py-3 bg-light">1 of 12</div>
    <div class="col border py-3 bg-light">1 of 12</div>
    <div class="col border py-3 bg-light">1 of 12</div>
    <div class="col border py-3 bg-light">1 of 12</div>
  </div>
</div>
```

以上代码使用了Bootstrap栅格系统。在 Bootstrap 中，页面被分成12列，.container 类用于包裹内容，并限制其宽度，.row 类用于创建行，而.col 类则定义了列。.col类实现了将每行等分为2列、3列和12列的效果。实际上，在使用.col类定义列时，每行的列数并不限于12列，但要求设备宽度可以承载所有列的内容，这是由.col类的定义决定的。.col类的定义代码如下：

```css
.col {
  flex: 1 0 0%;
}
```

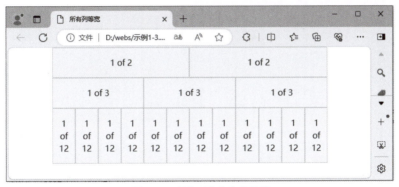

图1-19 所有列等宽实现效果

此外，在示例1-3中，每个.col元素上还使用了额外的类，如使用了.border类和.bg-light类来设置边框和背景色，以及使用.py-3类设置元素的上下内边距为3个单位。

2) 部分列等宽

在部分列等宽布局中，可以将其中一列或几列设置为固定宽度，然后将剩余的宽度平均分配给其他各列，这样可以实现一种平衡的布局效果。

【示例1-4】实现部分列等宽，效果如图1-20所示。

```
<div class="container text-center">
  <div class="row">
    <div class="col border py-3 bg-light">1 of 3</div>
    <div class="col-6 border py-3 bg-light">2 of 3 (wider)</div>
    <div class="col border py-3 bg-light">3 of 3</div>
  </div>
  <div class="row">
    <div class="col border py-3 bg-light">1 of 3</div>
    <div class="col-5 border py-3 bg-light">2 of 3 (wider)</div>
    <div class="col border py-3 bg-light">3 of 3</div>
  </div>
  <div class="row">
    <div class="col-6 border py-3 bg-light">col-6</div>
    <div class="col border py-3 bg-light"></div>
    <div class="col-5 border py-3 bg-light">col-5</div>
  </div>
  <div class="row">
    <div class="col-8 border py-3 bg-light">col-8</div>
    <div class="col-4 border py-3 bg-light">col-4</div>
  </div>
</div>
```

以上代码中.row表示一行，其中包含了多个.col类，用于定义列的大小。例如，.col类表示一个等宽的列；.col-6类表示一个占12列中6列宽度的列，并且不会随着页面大小的变化而变化；.col-5类、.col-4类和.col-8类分别表示一个占12列中5列、4列和8列宽度的列。

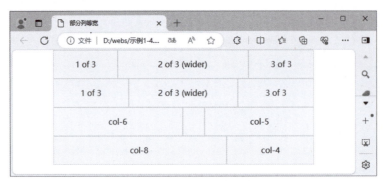

图 1-20　部分列等宽实现效果

2. 自动宽度列

列的宽度由其承载的内容确定，这种列就是自动宽度列，也称为可变宽度列。自动宽度列使用.col-auto类或.col-{breakpoint}-auto类来实现。

【示例1-5】在md设备上实现自动宽度列，效果如图1-21所示。

```
<div class="container text-center">
  <div class="row">
    <div class="col-auto border py-3 bg-light">左侧内容</div>
    <div class="col-auto border py-3 bg-light">中部内容比较多一些</div>
    <div class="col-auto border py-3 bg-light">右侧内容</div>
  </div>
  <div class="row">
    <div class="col border py-3 bg-light">左侧内容</div>
    <div class="col-auto border py-3 bg-light">中部会根据内容自动调整列宽度</div>
    <div class="col border py-3 bg-light">右侧内容</div>
  </div>
  <div class="row">
    <div class="col border py-3 bg-light">内容1</div>
    <div class="col-md-auto border py-3 bg-light">中部在md型设备上可根据内容自动调整列宽度</div>
    <div class="col border py-3 bg-light">内容2</div>
  </div>
</div>
```

图 1-21　在 md 设备上实现自动宽度列效果

通过以上代码可以看到，应用.col-auto类，每列宽度均由其包含的内容确定；应用

.col-md-auto类，对于md型设备，该列宽度由其包含的内容确定，其他两列为自动宽度。

.col-auto类的定义代码如下(.col-md-auto类和.col-auto类的定义代码相同)：

```
.col-auto {
 flex: 0 0 auto;
 width: auto;
}
```

其中，width的属性值auto表示该列为自动宽度。

1.5.3 响应式布局类

.col-{breakpoint}-{value}类用于定义栅格系统中的一列，也被称为响应式布局类。Bootstrap的栅格系统通过这种类名结构支持响应式布局，其核心特征是能够在不同设备上通过一致的HTML结构实现灵活的布局调整。

在.col-{breakpoint}-{value}类中，breakpoint是设备类型，value用于表明列的宽度，其取值范围是1~12。响应式布局类主要有以下几种应用形式。

- 行中的某列标识为<div class="col-md-8">…</div>，表示在md型及更大的设备上占据12列中8列的宽度。
- 行中的某列标识为<div class="col-6 col-md-4 col-lg-3">…</div>，表示在sm型及更小的设备上占据12列中6列的宽度；如果是在md型设备上，则占据12列中4列的宽度；如果是在lg型设备及更大的设备上，则占据12列中3列的宽度。由此基于不同类型的设备，实现了响应式布局。
- 行中的某列标识为<div class="col-6">…</div>，表示从最小类型的设备开始，在所有设备上均占12列中6列的宽度，体现了移动优先的原则。

1. 覆盖所有设备

使用.col类和.col-{value}类可以实现从小到大的所有设备具有相同的布局(其中value的取值范围是1~12)。

【示例1-6】实现覆盖所有设备的栅格布局，效果如图1-22所示。

```
<div class="container m-5 text-center">
  <div class="row">
    <div class="col border py-3 bg-light">col</div>
    <div class="col border py-3 bg-light">col</div>
    <div class="col border py-3 bg-light">col</div>
    <div class="col border py-3 bg-light">col</div>
  </div>
  <div class="row">
    <div class="col-4 border py-3 bg-light">col-4</div>
    <div class="col-8 border py-3 bg-light">col-8</div>
  </div>
</div>
```

图1-22 覆盖所有设备的栅格布局效果

2. 水平排列

当使用 .col-{breakpoint}-{value} 类时，只要一行内所有列的 value 值之和不超过 12，并且设备的宽度大于或等于相应的 breakpoint 类型的宽度，各列就会呈现为水平排列。

【示例1-7】在不同设备上实现水平排列的栅格布局，在sm型设备上布局效果如图1-23所示。

01 以下的列布局，每个列都使用了col-6类，意味着它们在所有屏幕设备上都将占据父容器的一半宽度。由于它们的值之和为6＋6=12，符合总和不超过12的条件，因此这个布局在所有设备上均会呈水平排列。

```
<div class="row">
  <div class="col-6 border py-3 bg-light">col-6</div>
  <div class="col-6 border py-3 bg-light">col-6</div>
</div>
```

02 在以下列布局中第一列使用了col-sm-4类，意味着在sm型设备上占据了父容器的三分之一宽度。第二列使用了 col-sm-8 类，表示在sm型设备上，它将占据父容器的三分之二宽度。它们的值之和为4＋8=12，仍然符合总和不超过12的条件，这两列将在sm型设备上以水平排列的方式显示。

```
<div class="row">
  <div class="col-sm-4 border py-3 bg-light">col-4</div>
  <div class="col-sm-8 border py-3 bg-light">col-8</div>
</div>
```

03 在md型设备上进行布局时，以下代码示例将水平排列两列，第一列使用col-md-4类，意味着在md型设备上，它将占据父容器的三分之一宽度。第二列使用了col-md-8类，表示在md型设备上，它将占据父容器的三分之二宽度。这两列将在md型设备上以水平排列的方式显示。

```
<div class="row">
  <div class="col-md-4 border py-3 bg-light">col-4</div>
  <div class="col-md-8 border py-3 bg-light">col-5</div>
</div>
```

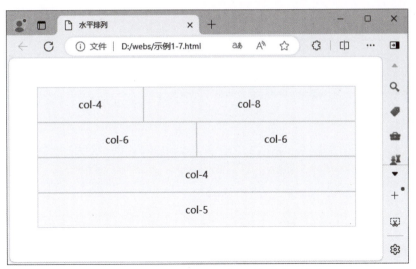

图1-23 在sm型设备上水平排列的栅格布局效果

示例1-7所示的代码中，如果第一列使用.col-sm-8类，第二列使用.col-sm-5类，它们的值之和8+5=13>12，当前行承载不下，则不会水平排列，而是堆叠显示。

3. 匹配多种类型设备

通过在每个列上应用多种响应式布局类的组合，可以实现在不同类型的设备上呈现不同的布局，这是栅格布局的典型应用。

【示例1-8】实现匹配4种不同类型设备的响应式布局，效果如图1-24所示。

```
<div class="container m-5 text-center">
  <div class="row">
    <div class="col-lg-3 col-md-4 col-sm-6 border py-3 bg-light">Item 1</div>
    <div class="col-lg-3 col-md-4 col-sm-6 border py-3 bg-light">Item 2</div>
    <div class="col-lg-3 col-md-4 col-sm-6 border py-3 bg-light">Item 3</div>
    <div class="col-lg-3 col-md-4 col-sm-6 border py-3 bg-light">Item 4</div>
    <div class="col-lg-3 col-md-4 col-sm-6 border py-3 bg-light">Item 5</div>
    <div class="col-lg-3 col-md-4 col-sm-6 border py-3 bg-light">Item 6</div>
  </div>
</div>
```

以上代码中.col-sm-6、.col-md-4、.col-lg-3这些类指示在不同大小的设备上应该占据多少列的宽度，实现针对不同类型设备的响应式布局。

- .col-sm-6类表示在所有设备上占据宽度的一半，即6个单位(Bootstrap的栅格系统总共有12个单位)。
- .col-md-4类表示在中型设备(md)上占据4个单位的宽度。
- .col-lg-3类表示在大型设备(lg)上占据3个单位的宽度。

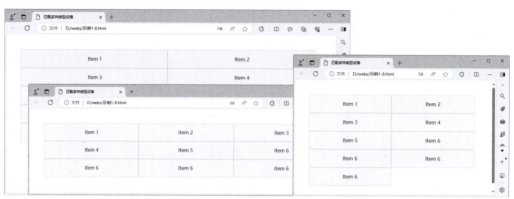

图1-24 针对不同类型设备的响应式布局

1.5.4 嵌套布局

Bootstrap支持栅格的嵌套布局，在一个布局的列(栅格)中嵌入行元素可以实现栅格的嵌套布局效果。这种嵌套可以帮助用户更精细地控制页面布局，尤其是在需要更复杂的网格结构时特别有用。

在Bootstrap中，可以在.row元素中放置.col-*元素来创建基本的网格布局。如果需要更复杂的布局，可以在.col-*元素中再嵌套.row元素，并在内部的.row中再放置新的.col-*元素，从而实现更深层次的网格结构。

【示例1-9】使用Bootstrap框架来实现嵌套布局，效果如图1-25所示。

```
<div class="container m-5 text-center">
  <div class="row">
    <div class="col-md-6 border py-3 bg-light">
      <p>这是一个列</p>
      <div class="row">
        <div class="col-sm-6 border py-3 bg-light">
          <p>嵌套列 1</p>
        </div>
        <div class="col-sm-6 border py-3 bg-light">
          <p>嵌套列 2</p>
        </div>
      </div>
    </div>
    <div class="col-md-6 border py-3 bg-light">
      <p>这是另一个列</p>
    </div>
  </div>
</div>
```

在以上示例代码中，.row元素中的第一个.col-md-6 元素包含了一个嵌套的.row元素，并在内部包含了两个.col-sm-6 元素，实现了栅格的嵌套布局效果。

图 1-25　md 设备上栅格的嵌套布局效果

1.5.5　列布局

列布局包括列对齐、列排序、列偏移等功能。

1. 列对齐

列对齐是指栅格列在水平或垂直方向上的排列方式，这是Bootstrap中非常实用的功能。在Bootstrap中，可以使用相应的类来实现列的对齐。例如，通过.justify-content-*类可以实现水平方向的对齐，而通过.align-items-*类可以实现垂直方向的对齐。这些类提供了多种选项，如左对齐、右对齐、居中对齐等，使得布局设计更加灵活(将在第5章详细介绍)。

2. 列排序

列排序是指使用.order-{value}类或.order-{breakpoint}-{value}类来控制列的显示顺序，实际上就是在弹性布局中排列项目的顺序。在Bootstrap中，value 的取值范围是 0~5。需要注意的是，如果一列没有使用.order-{value}类，默认将该列排在最前。此外，.order-first类用于将列排在最前，.order-last类用于将列排在最后。

【示例1-10】控制列的排列顺序，效果如图1-26所示。

```
<div class="row">
  <div class="col order-1 border py-3 bg-light">A</div>
  <div class="col order-2 border py-3 bg-light">B</div>
  <div class="col order-3 border py-3 bg-light">C</div>
  <div class="col order-4 border py-3 bg-light">D</div>
</div>
```

在这个示例中，列 A 使用.order-1类，列B使用.order-2类，列C使用 .order-3 类，列D使用.order-4类。表示在默认屏幕尺寸下，列的显示顺序就会按照 A、B、C、D的顺序排列。

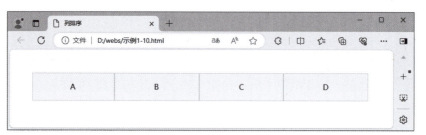

图1-26 列排序的效果

3. 列偏移

列偏移是指某列沿水平方向移动一定距离。在Bootstrap中，可以通过使用.offset-{breakpoint}-{value}类或者margin工具类来实现列的偏移。

1）使用.offset-{breakpoint}-{value}类实现列偏移

.offset-{breakpoint}-{value}类用于向右移动列(在列的左边增加value列)。例如，.offset-lg-3类用于在lg型设备上向右移动3列。.offset-{value}类中不带断点，用于在所有设备上偏移指定列。例如，.offset-3类用于在所有设备上向右移动3列。

【示例1-11】使用.offset-{breakpoint}-{value}类实现图1-27所示的列偏移效果。

01 以下代码中.col-sm-4类表示在小型设备上列宽为4，.offset-sm-2类表示在小型设备上向右移动2列，因此第二列会向右偏移两列，使得两列之间有一定的距离。

```
<div class="row border">
  <div class="col-sm-4 border py-3 bg-light">.col-sm-4</div>
  <div class="col-sm-4 offset-sm-2 border py-3 bg-light">.col-sm-4 .offset-sm-2</div>
</div>
```

02 以下代码中.col-sm-3表示在小型设备上列宽为3，.offset-sm-1类表示在小型设备上向右移动1列，.offset-sm-2类表示在小型设备上向右移动2列。

```
<div class="row border">
  <div class="col-sm-3 offset-sm-1 border py-3 bg-light">.col-sm-3 .offset-sm-1</div>
  <div class="col-sm-3 offset-sm-2 border py-3 bg-light">.col-sm-3 .offset-sm-2</div>
</div>
```

图1-27 列偏移效果

2) 使用margin工具类实现列偏移

margin工具类是弹性布局中用于设置项目自身浮动的工具类，使用它可以很方便地实现列偏移。具体的margin工具类如下。

- .ms-{breakpoint}-auto类：用于为列左侧设置自动margin。
- .me-{breakpoint}-auto类：用于为列右侧设置自动margin。
- .mx-{breakpoint}-auto类：用于同时为列的左右两侧设置自动 margin。

【示例1-12】使用margin工具类实现图1-28所示的列偏移效果。

01 以下代码中.col-4 类表明每列占据 4 个网格列的宽度。使用 .mx-auto 类可以将第二列水平居中，相当于设置 margin-left: auto; margin-right: auto;，从而实现了列的偏移效果。

```
<div class="row border">
  <div class="col-4 border py-3 bg-light">.col-4</div>
  <div class="col-4 mx-auto border py-3 bg-light">.col-4 .mx-auto</div>
</div>
```

02 以下代码中.col-sm-3 表示在小型设备上每列占据3个网格列的宽度。.ms-sm-auto将这些列的左侧设置为自动margin，从而实现了在小屏幕设备上将列向右偏移的效果。

```
<div class="row border">
  <div class="col-sm-3 ms-sm-auto border py-3 bg-light">col-sm-3 ms-sm-auto</div>
  <div class="col-sm-3 ms-sm-auto border py-3 bg-light">col-sm-3 ms-sm-auto</div>
</div>
```

03 以下代码中.col-auto表示列的宽度会根据内容自动调整，.me-auto将第一个列的右侧设置为自动margin，从而使其在同一行中向左偏移。

```
<div class="row border">
  <div class="col-auto me-auto border py-3 bg-light">col-auto me-auto</div>
  <div class="col-auto border py-3 bg-light">col-auto</div>
</div>
```

图 1-28　使用 margin 工具类实现列偏移

1.6 实战案例——企业网站首页

本章主要介绍了Bootstrap的基础知识,包括Bootstrap的下载、布局容器、栅格系统等。下面将通过一个实际的案例,使读者初步了解使用Bootstrap开发网站的具体方法。

1.6.1 案例概述

本节将详细介绍如何使用Bootstrap构建一个专业的企业门户网站。该网站不仅需要结构清晰明了,还要布局简洁大方、功能完备,可以显著提升企业形象和用户访问体验,确保用户获得高效、直观的浏览感受。

本案例设计的网站首页(Index.html)效果如图1-29所示。Index.html页面主要包括页面导航区、页面展示区、搜索栏、主体内容区、两栏图文区等区域,这些区域的功能设计如下。

- 页面导航区:提供站点的主要导航链接,帮助用户快速访问不同页面或模块。
- 页面展示区:展示页面的核心内容或重要信息,通常用于突出显示页面的主要功能或特色。
- 搜索栏:允许用户输入关键字进行搜索,帮助用户快速找到所需内容。
- 主体内容区:呈现页面的核心内容,提供详细的信息、描述或功能展示。
- 两栏图文区:通过左右或上下两栏布局,展示图文并茂的内容,提升信息的吸引力和可读性。
- footer区:位于页面底部,用于提供页脚信息,如版权声明、联系方式、社交媒体链接、隐私政策等。

图1-29 企业网站首页

1.6.2 设计页面导航区

页面导航区即企业网站首页的顶层导航条，用于引导用户快速访问主要页面，可通过 HTML和Bootstrap代码实现。

代码如下：

```html
<!DOCTYPE html>
<html lang="zh">
<head>
  <meta charset="utf-8">
  <meta http-equiv="X-UA-Compatible" content="IE=edge">
  <meta name="viewport" content="width=device-width, initial-scale=1">
  <title>Bootstrap 启动模板</title>
  <!-- Bootstrap 核心 CSS -->
  <link rel="stylesheet" href="bootstrap-5.3.0-alpha1-dist/css/bootstrap.min.css">
  <!-- 自定义样式 -->
  <link href="css/font-awesome.css" rel="stylesheet">
  <link href="css/main.css" rel="stylesheet">
</head>
<body>
<nav class="navbar navbar-expand-lg navbar-dark bg-dark sticky-top">
  <div class="container">
    <a class="navbar-brand" href="#">商品展示</a>
    <button class="navbar-toggler" type="button" data-bs-toggle="collapse" data-bs-target="#navbar" aria-controls="navbar" aria-expanded="false" aria-label="切换导航">
      <span class="navbar-toggler-icon"></span>
    </button>
    <div class="collapse navbar-collapse" id="navbar">
      <ul class="navbar-nav">
        <li class="nav-item active"><a class="nav-link" href="index.html">首页</a></li>
        <li class="nav-item"><a class="nav-link" href="about.html">关于我们</a></li>
        <li class="nav-item"><a class="nav-link" href="services.html">服务</a></li>
        <li class="nav-item"><a class="nav-link" href="blog.html">博客</a></li>
        <li class="nav-item"><a class="nav-link" href="contact.html">联系我们</a></li>
      </ul>
      <ul class="navbar-nav ms-auto">
        <li class="nav-item"><a class="nav-link" href="#">注册</a></li>
        <li class="nav-item"><a class="nav-link" href="#">登录</a></li>
      </ul>
    </div>
  </div>
</nav>
<!-- 包含 Bootstrap 的 JavaScript 文件 -->
<script src="bootstrap-5.3.0-alpha1-dist/js/bootstrap.bundle.min.js"></script>
```

```
</body>
</html>
```

代码生成的页面效果如图1-30所示。

图1-30　企业网站首页导航

1.6.3　设计页面展示区

将页面划分为不同的区块，例如导航区和案例展示区，可以使用<section>标签对各个区块进行标识。在展示区的<section>标签中可以添加如下代码：

```
<section class="showcase">
  <div class="container showcase-content">
    <h1>物流管理 HTML5 系统</h1>
    <p class="lead">一个多功能的 <strong>Bootstrap</strong>仓储与配送解决方案<br>为您的货物追踪、仓储管理及配送业务提供全方位的响应式设计</p>
    <div class="downloads">
      <a href="#"><img src="images/infor_icon1.png" alt="下载"></a>
      <a href="#"><img src="images/infor_icon2.png" alt="信息"></a>
      <a href="#"><img src="images/infor_icon3.png" alt="信息"></a>
    </div>
  </div>
</section>
```

实现的网页效果如图1-31所示。

图1-31　展示区效果

1.6.4　添加搜索栏

使用<section>布局，在页面展示区区块结束标签之后，加入如下代码：

```
<section class="section-light">
    <div class="container">
        <div class="row">
            <div class="col-md-6">
                <form class="search">
                    <div>
                        <input type="search" placeholder="搜索我们的网站和产品">
                        <button type="submit">
                            <img src="images/search.png" alt="搜索">
                        </button>
                    </div>
                </form>
            </div>
            <div class="col-md-6">
                <h2>关于我们</h2>
                <p>我们是一家致力于提供高质量物流解决方案的公司。凭借多年的行业经验和先进的技术，我们能够满足客户的各种物流需求。</p>
                <a href="/about" class="btn btn-primary">了解更多</a>
            </div>
        </div>
    </div>
</section>
```

实现的网页效果如图1-32所示。

图1-32　搜索栏效果

1.6.5　设计主体内容区

使用\<section\>标签为网站首页加入一个主体内容区块，代码如下：

```
<section style="margin-top: 5em;">
    <div class="container">
        <div class="row">
            <div class="col-md-4">
```

```
            <div class="block block-primary">
                <h3><i class="fa fa-check"></i> 全球物流解决方案</h3>
                <p>我们提供全面的全球物流服务，确保您的货物能够准时、安全地到达目的地。无论是海运、空运还是陆运，我们都能满足您的需求。</p>
                <a href="#" class="btn btn-primary">了解更多</a>
            </div>
        </div>
        <div class="col-md-4">
            <div class="block block-secondary">
                <h3><i class="fa fa-check"></i> 智能仓储管理</h3>
                <p>利用我们先进的仓储管理系统，您可以实时跟踪库存情况，优化存储空间，并提高物流效率。我们的仓储服务覆盖全国各地。</p>
                <a href="#" class="btn btn-primary">了解更多</a>
            </div>
        </div>
        <div class="col-md-4">
            <div class="block block-primary">
                <h3><i class="fa fa-check"></i> 定制化供应链服务</h3>
                <p>我们根据您的业务需求，提供定制化的供应链解决方案。从原材料采购到最终产品交付，我们全程跟踪，确保供应链的每一环都高效运作。</p>
                <a href="#" class="btn btn-primary">了解更多</a>
            </div>
        </div>
    </div>
</section>
```

实现的网页效果如图1-33所示。

图1-33　主体内容区效果

使用 \<section\> 标签为首页加入另一个内容区块，代码如下：

```
<section class="no-pad-top" style="margin-top: 5em;">
    <div class="container">
```

```html
            <div class="row">
                <div class="col-md-3">
                    <div class="block block-light block-center">
                        <i class="fa fa-truck fa-primary fa-6 fa-border"></i>
                        <h3 class="heading-primary">运输管理</h3>
                        <p>高效的运输管理系统，确保货物安全及时送达客户手中。</p>
                    </div>
                </div>
                <div class="col-md-3">
                    <div class="block block-light block-center">
                        <i class="fa fa-warehouse fa-primary fa-6 fa-border"></i>
                        <h3 class="heading-primary">仓储服务</h3>
                        <p>智能仓储解决方案，提供灵活的库存管理和空间利用。</p>
                    </div>
                </div>
                <div class="col-md-3">
                    <div class="block block-light block-center">
                        <i class="fa fa-shipping-fast fa-primary fa-6 fa-border"></i>
                        <h3 class="heading-primary">快速配送</h3>
                        <p>我们承诺快速配送，确保您的包裹在最短时间内送达。</p>
                    </div>
                </div>
                <div class="col-md-3">
                    <div class="block block-light block-center">
                        <i class="fa fa-comments fa-primary fa-6 fa-border"></i>
                        <h3 class="heading-primary">客户支持</h3>
                        <p>提供24/7客户支持，随时为您解答物流相关问题。</p>
                    </div>
                </div>
            </div>
        </div>
</section>
```

实现的网页效果如图1-34所示。

图1-34　第二个主体内容区效果

1.6.6　设计两栏图文区

使用<section>...</section>标签为首页加入一个两栏图文区块，代码如下：

```html
<section class="section-light extra-pad" style="margin-top: 5em;">
    <div class="container">
        <div class="row">
            <div class="col-md-6">
                <h2 class="page-header">使用 <span class="em-primary">物流App</span> 提高效率</h2>
                <ul class="list-feature">
                    <li><i class="fa fa-check fa-6 fa-primary"></i><span>实时追踪货物位置</span></li>
                    <li><i class="fa fa-check fa-6 fa-primary"></i><span>自动生成运单信息</span></li>
                    <li><i class="fa fa-check fa-6 fa-primary"></i><span>优化路线规划</span></li>
                    <li><i class="fa fa-check fa-6 fa-primary"></i><span>客户实时通知</span></li>
                </ul>
                <br>
                <a href="#" class="btn btn-primary btn-lg">了解更多</a>
            </div>
            <div class="col-md-6">
                <img class="device" src="images/device-imac.png" alt="物流设备">
            </div>
        </div>
    </div>
</section>
```

使用<section>...</section>标签为首页加入另一个两栏图文区块，代码如下：

```html
<section class="section-primary extra-pad" style="margin-top: 5em;">
    <div class="container">
        <div class="row">
            <div class="col-md-6">
                <img class="device device-small" src="images/device-iphone.png" alt="移动设备">
            </div>
            <div class="col-md-6">
                <h2 class="page-header">免费试用物流App 30天！</h2>
                <p class="lead">Lorem ipsum dolor sit amet, consectetur adipiscing elit. Phasellus et odio.</p>
                <a href="#" class="btn btn-lg btn-default btn-rounded">立即试用</a>
            </div>
        </div>
    </div>
</section>
```

实现的网页效果如图1-35所示。

图 1-35　两栏图文区效果

1.6.7　添加footer区

使用<footer>...</footer>标签为首页添加底部footer区块，代码如下：

```
<footer class="footer-minor">
  <div class="container">
    <div class="row">
      <div class="col-md-4">
        <h4>下载我们的应用</h4>
        <ul>
          <li><a href="#">在 App Store 下载</a></li>
          <li><a href="#">在 Google Play 下载</a></li>
          <li><a href="#">在 Android Market 下载</a></li>
          <li><a href="#">在 Windows Store 下载</a></li>
        </ul>
      </div>
      <div class="col-md-4">
        <h4>关于我们</h4>
        <ul>
          <li><a href="#">了解物流助手</a></li>
          <li><a href="#">查看我们的物流服务</a></li>
          <li><a href="#">与我们建立合作</a></li>
          <li><a href="#">技术支持与解决方案</a></li>
        </ul>
      </div>
      <div class="col-md-4">
        <h4>客户支持</h4>
        <ul>
          <li><a href="#">支持中心</a></li>
```

```
                <li><a href="#">加入我们的用户社区</a></li>
                <li><a href="#">提交您的反馈</a></li>
                <li><a href="#">联系我们的客服团队</a></li>
            </ul>
        </div>
      </div>
    </div>
</footer>
```

实现的网页效果如图1-36所示。

图 1-36　footer 区效果

1.6.8　设计页面样式

页面设计完成后，可以开始对页面进行美化，也就是设计网页的CSS部分。用户可以使用Sass来进行页面样式的设计。

设计main.css代码如下：

```
body {
    font-family: 'Arial', sans-serif;
    line-height: 1.7;
    color: #000;
    background-color: #f7f9fc;
    margin: 0;
    padding: 40px;
}
h1, h2, h3 {
    color: #000;
    margin-bottom: 25px;
}
p {
    color: #000;
```

```css
      margin-bottom: 30px;
    }

    a {
      text-decoration: none;
      color: #3498db;
      transition: color 0.3s ease;
    }
    a:hover {
      color: #2980b9;
    }
    .container {
      max-width: 1200px;
      margin: 0 auto;
      padding: 0 40px;
    }
    .section {
      background-color: #ffffff;
      padding: 60px 40px;
      border-radius: 8px;
      box-shadow: 0 2px 10px rgba(0, 0, 0, 0.1);
      margin-bottom: 50px;
    }
    .section-primary {
      background-color: #eaf4fc;
      padding: 60px 40px;
      text-align: center;
      border-radius: 8px;
    }
    .showcase {
      background: url('images/showcase.jpg') no-repeat center center;
      background-size: cover;
      height: 500px;
      display: flex;
      align-items: center;
      justify-content: center;
      text-align: center;
      color: #fff;
      border-radius: 8px;
      margin-bottom: 50px;
    }
    .showcase h1 {
      font-size: 3.5rem;
      margin-bottom: 20px;
```

```css
        text-shadow: 1px 1px 4px rgba(0, 0, 0, 0.5);
}
.showcase p {
        font-size: 1.4rem;
}
.block {
        background-color: #ffffff;
        padding: 50px;
        margin-bottom: 40px;
        border-radius: 8px;
        text-align: center;
        box-shadow: 0 2px 10px rgba(0, 0, 0, 0.1);
        transition: box-shadow 0.3s ease, transform 0.3s ease;
}
.block:hover {
        transform: translateY(-5px);
        box-shadow: 0 4px 20px rgba(0, 0, 0, 0.15);
}
.block-primary {
        border-left: 6px solid #3498db;
}
.block-secondary {
        border-left: 6px solid #2ecc71;
}
.block-light {
        background-color: #f0f8ff;
}
.btn {
        padding: 15px 30px;
        border-radius: 4px;
        font-size: 1.2rem;
        font-weight: bold;
        text-transform: uppercase;
        border: none;
        cursor: pointer;
        transition: background-color 0.3s ease, transform 0.3s ease;
}
.btn-primary {
        background-color: #3498db;
        color: #fff;
}.btn-primary:hover {
        background-color: #2980b9;
        transform: translateY(-3px);
}
```

```css
.btn-default {
    background-color: #ffffff;
    color: #3498db;
    border: 2px solid #3498db;
}

.btn-default:hover {
    background-color: #eaf4fc;
}

.footer {
    background-color: #ffffff;
    color: #000;
    padding: 50px 0;
    text-align: center;
    border-top: 1px solid #ddd;
    margin-top: 50px;
}

.footer h4 {
    font-weight: bold;
    margin-bottom: 25px;
}

.footer ul {
    list-style: none;
    padding: 0;
}

.footer ul li {
    margin-bottom: 20px;
}

.footer ul li a {
    color: #3498db;
    transition: color 0.3s ease;
}

.footer ul li a:hover {
    color: #2980b9;
}
@media (max-width: 768px) {
    .showcase h1 {
        font-size: 2.5rem;
```

```
    }
    .showcase p {
      font-size: 1rem;
    }
    .block {
      padding: 30px;
      margin-bottom: 30px;
    }
    .container {
      padding: 0 20px;
    }
}
```

1.7 思考与练习

1. 简答题

(1) 为什么使用Bootstrap？

(2) 如何在项目中引入Bootstrap？

(3) 下载Bootstrap的安装文件时，编译版文件和源码版文件有什么不同？

(4) 简要说明Bootstrap 5的特点。

(5) 查阅Bootstrap文档，比较Bootstrap 3、Bootstrap 4和Bootstrap 5的异同。

(6) 学习Bootstrap时有哪些资源？

(7) 如何在Bootstrap中实现响应式布局？详细说明栅格系统的工作原理。

(8) 列举并解释Bootstrap 5中新添加的关键组件或功能。

(9) Bootstrap如何处理跨浏览器兼容性问题？有哪些工具或方法帮助开发者解决兼容性问题？

2. 操作题

(1) 使用Bootstrap设计网页导航按钮，运行结果如图1-37所示。

(2) 设计一个完整的 Bootstrap 栅格布局网页，效果如图1-38所示。

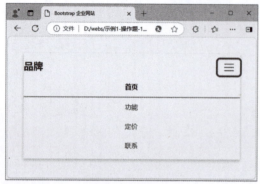

图1-37　网页导航效果

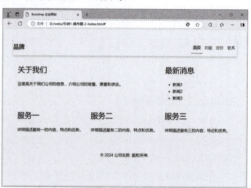

图1-38　栅格布局效果

第 2 章

基础样式

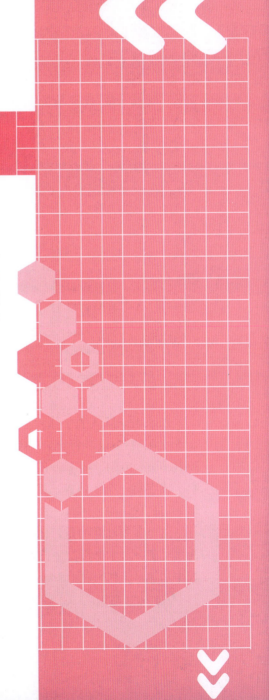

　　Bootstrap核心是一个框架,它定义了大量的通用样式类,包括边距、边框、颜色、对齐方式、阴影、浮动、显示与隐藏等,开发者不需要花太多的时间,无须再编写大量的CSS样式,就可以使用这些样式快速地开发出效果卓越的网页。

2.1 页面排版

网页通常包括文本、图片、视频或浮动窗口等元素，内容繁多且复杂。在设计时，必须根据内容的需要，按照一定的规律和次序对图片和文本等诸多元素进行合理的排版，以形成一个有序的整体。Bootstrap负责基础排版，用户无须担心所使用的字体族(或字体栈)，也无须为了提升内容在网页中的可读性而调整字体大小或行高。

表2-1所示为Bootstrap使用的默认排版设置。

表2-1 Bootstrap默认排版设置

元素		字体族	字体大小	行高
html		sans-serif	14像素	
body		Helvetica Neue、Helvetica、Arial、sans-serif	14像素	1.42857143
所有标题	h1	继承	36像素	1.1
	h2		30像素	
	h3		24像素	
	h4		18像素	
	h5		14像素	
	h6		12像素	
任何标题中的small元素	h1 small、h2 small、h3 small	继承	65%	1
	h4 small、h5 small、h6 small		75%	
.lead		继承	16像素	1.4

Bootstrap默认的字体大小为14像素，并采用sans-serif字体族。但是，由于Bootstrap页面必须有\<body>标记，导致其采用的字体立即变成以下字体族：Helvetica Neue、Helvetica、Arial、sans-serif(在CSS中，字体族是按照设计偏好排列的字体列表。如果计算机上没有第一个字体族，就转向第二个，以此类推)。该字体族列表上的最后一个字体应该始终是默认的字体族，如sans-serif或monospace。

这里需要注意的是，Helvetica Neue不是所有计算机上的默认系统字体。因此，在页面上可能会显示奇怪的字符或混乱的字体大小。如果要解决这个问题，可以在自定义样式表中添加以下代码覆盖Bootstrap的字体族：

```
font-family: Arial, Helvetica, "Helvetica Neue", sans-serif !important;
```

2.2 标题

标题在网页中非常重要，其不仅仅是简单的文字标识，还承担着组织结构、视觉和注意力引导、体现页面风格等作用。

2.2.1 Bootstrap标准标题

Bootstrap重写HTML默认样式，所有标题和段落元素(<h1>和<p>)都被重置，系统移除了它们的上外边距margin-top定义，为标题添加了margin-bottom:0.5rem的下外边距定义。段落元素<p>添加了外边距margin-bottom:1rem以形成简洁行距。

HTML中的标题标签<h1> ~ <h6>，在Bootstrap中均可以使用。在Bootstrap中标题元素都被设置为以下样式：

```css
h1, h2, h3, h4, h5, h6, .h1, .h2, .h3, .h4, .h5, .h6 {
    margin-top: 0;
    margin-bottom: 0.5rem;
    font-weight: 500;
    line-height: 1.2;
}
```

标题h1~h6的font-size属性值根据视口(可以理解为浏览器的窗口)大小而定。当视口宽度大于或等于1200px时，h1~h6的文字大小分别是2.5rem、2rem、1.75rem、1.5rem、1.25rem、1rem；当视口宽度小于1200px时，标题的font-size属性的值通过calc()函数计算得到。

【示例2-1】应用标题标记和标题类制作效果如图2-1所示的页面。

```html
<body>
<h1>一级标题</h1>
<h2>二级标题</h2>
<h3>三级标题</h3>
<div class="h4">四级标题</div>
<div class="h5">五级标题</div>
<div class="h6">六级标题</div>
<hr>
<!--在内联样式中应用标题类属性-->
<span class="h1">一级标题</span> <span class="h2">二级标题</span> <a class="h3" href="#">三级标题</a>
</body>
```

如果页面中的标题需要突出显示，可以使用.display系列类，这些类中设置了更大的font-size属性值。Bootstrap提供了6个.display类，分别是.display-1~.display-6。当视口宽度大于或等于1200px时，font-size属性值分别为5rem、4.5rem、4rem、3.5rem、3rem、2.5rem。

图 2-1　标题标记和标题类效果

【示例2-2】使用.display类设计页面中的标题，效果如图2-2所示。

```
<body class="container">
<p class="display-1">Display 1 标题</p>
<h2 class="display-2">Display 2 标题</h2>
<p class="display-3">Display 3 标题</p>
<h2 class="display-4">Display 4 标题</h2>
<p class="display-5">Display 5 标题</p>
<h2 class="display-6">Display 6 标题</h2>
</body>
```

图 2-2　.display 类设计标题效果

示例2-2中使用了段落标记p。Bootstrap 5将段落标记p的上外边距重置为0rem、下外边距重置为1rem，具体定义代码如下：

```
p {
 margin-top: 0;
 margin-bottom: 1rem;
}
```

2.2.2 内联子标题

内联子标题的作用是补充、说明或者突出某些内容，帮助读者更好地理解文本内容的组织结构，加深对重要信息的印象。Bootstrap 提供了在标题中创建内联子标题的功能。用户可以通过将子标题嵌套在标题标签内部，可以使用<small>标签来实现这一功能。例如：

```
<h1>主标题 <small class="text-muted">补充说明</small></h1>
```

在这个示例中，主标题被 <h1> 标签包裹，而补充说明则是使用了<small>标签，并且应用了Bootstrap提供的text-muted样式类，使得文本呈现为灰色。内联的子标题可以为主标题提供额外的信息或者补充说明，使得页面内容更加清晰和丰富，如图2-3所示。

图 2-3　内联子标题效果

2.2.3 标题辅助文本

Bootstrap还提供了.small类，为内联标题添加辅助文本，例如：

```
<p>详情 <span class="h3">请联系我<span class="small">最新信息</span></span>更多查阅</p>
```

在这个示例中，.small类被应用于一个<span>元素，这个<span>元素包含文本"最新信息"，因此这段文本会受到.small类相关的样式影响，效果如图2-4所示。

图 2-4　内联标题上的辅助文本

2.3　正文

正文是网页中呈现实际内容的区域，其作用十分重要。通过设计良好的正文，网页可以更好地展示结构化内容，提高可读性和导航性，使用户更轻松地获取所需信息。

2.3.1 段落样式

Bootstrap定义页面主体的默认样式如下：

```css
body {
  margin: 0;
  font-family: -apple-system, BlinkMacSystemFont, "Segoe UI", Roboto, "Helvetica Neue", Arial, "Noto Sans", sans-serif, "Apple Color Emoji", "Segoe UI Emoji", "Segoe UI Symbol", "Noto Color Emoji";
  font-size: 1rem;
  font-weight: 400;
  line-height: 1.5;
  color: #212529;
  text-align: left;
  background-color: #fff;
}
```

在Bootstrap中，段落标签<p>被设置上边距为0，下边距为1rem，CSS样式代码如下：

```css
p {
  margin-top: 0;
  margin-bottom: 1rem;
}
```

如果要实现强调文本的效果，可以使用代码class="lead"，这将使文字更大、更粗、行高更大。被突出的段落文本font-size变为1.25rem，font-weight变为300，CSS样式代码如下：

```css
.lead {
  font-size: 1.25rem;
  font-weight: 300;
}
```

【示例2-3】使用.lead类在网页中实现如图2-5所示的强调文本。

```html
<body class="container">
<p>这是一段普通文本内容。</p>
<p class="lead">这是要强调的文本内容。</p>
</body>
```

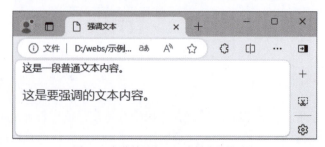

图 2-5　段落效果和 lead 类样式效果对比

2.3.2 内联文本

Bootstrap定义了一些内联文本元素(inline text elements)的样式,这些元素包括mark、strong、small等,优化了加粗、强调、斜体等样式。其中,mark标记用于突出显示文本,strong标记用于加粗文本,small标记用于显示略小的文本。

在HTML5中,em标记用于强调文本,通过改变文本样式(即设置为斜体)来强调语义信息;del标记用于删除文本;b标记用于加粗显示单词或短语,主要用于改变文本视觉效果,起到突出关键词的作用,但不具备强调重要性的效果;i标记用于表示斜体文本,传达特定的语义信息,适合用于外来语、技术术语等。

【示例2-4】在网页中使用内联元素,效果如图2-6所示。

```
<body class="container">
<p>在以下文本中,我们将使用不同的HTML5标签来突出显示或修改文本的意义和外观。</p>
<p><em>强调</em>通常用于改变语气或强调文本。</p>
<p>如果需要添加<del>过时</del>或希望显示为已删除的文本,使用<code>&lt;del&gt;</code>标签。</p>
<p>有时候,我们需要<b>突出显示</b>某些词汇以吸引读者的注意。</p>
<p>而<code>&lt;i&gt;</code>标签适合用于<i>外来语</i>、技术术语或思想表达。</p>
<p>这句话包含用于<mark>高亮显示</mark>的文本,突出其重要性。</p>
<hr/>
<h1>欢迎来到 <mark>Bootstrap</mark> 帮助中心</h1>
<h2>了解 <strong>Bootstrap</strong> 的最新动态</h2>
<h3> <span class="small">学习如何使用Bootstrap来改善您的业务</span></h3>
</body>
```

图 2-6 内联文本元素在网页中的应用效果

其中,以下代码使用small标记和.small类实现了副标题的效果:

```
<h3> <span class="small" >学习如何使用Bootstrap来改善您的业务</span></h3>
```

从图2-6可以看出，small标记中的副标题比同级标题的颜色更淡、字号更小。在Bootstrap中，small标记和.small类的定义代码如下：

```
small, .small {
  font-size: 0.875em;
}
```

2.4 文本块

在网页设计中，文本块通常指页面内容中的文本段落或文字块，例如缩略语、引用、列表、代码等，用来展示文字信息和传达页面的主要内容。文本块能够有效地向用户传递信息，吸引读者注意力，以及提供良好的页面阅读体验。

2.4.1 缩略语

Bootstrap使用abbr标记实现缩略语的增强样式。当鼠标指针悬停在缩略语上时就会显示对应的完整内容。abbr标记有title属性，外观为浅色虚线框，当鼠标指针移到上面时，鼠标指针会变成带有问号的形状。

【示例2-5】在网页中应用缩略语样式，效果如图2-7所示。

```
<body class="container">
  <h1>Bootstrap缩略语样式示例</h1>
  <p>在这个示例中，我们将展示如何在 Bootstrap 网页中使用缩略语元素 <abbr title="HyperText Markup Language">HTML</abbr>。</p>
  <p>另一个例子是 CSS, 即 <abbr title="Cascading Style Sheets" class="initialism">CSS</abbr>，用于定义网页的样式。</p>
</body>
```

图2-7 缩略语样式应用效果

在示例2-5中，为了让提示信息CSS的文字更小，abbr标记中使用了代码class="initialism"。initialism类的定义代码如下：

```
.initialism {
  font-size: 0.875em;
```

```
    text-transform: uppercase;
}
```

其中，font-size:0.875em;这行代码设置了文本的字体大小为父元素字体大小的0.875(这用于设置更小的文本，以更好地适应页面布局)；text-transform:uppercase;这行代码将文本转换为大写形式。应用这个样式后，所有文本都会显示为大写形式。

2.4.2 引用

有些网页中需要引用文献资源，Bootstrap使用blockquote标记为引用实现增强样式，使用cite标记表示引用内容的来源。Bootstrap的.blockquote类用于设计引用来源的格式。

【示例2-6】在网页中使用blockquote标记，效果如图2-8所示。

```
<body class="container">
<p>以下示例展示了如何在 Bootstrap 网页中使用 blockquote 标记来引用文献资源，并使用 cite 标记表示引用内容的来源。</p>
<blockquote>
  <p>弱小和无知不是生存的障碍，傲慢才是。</p>
  <footer>刘慈欣<cite>《三体》</cite></footer>
</blockquote>
<blockquote class="blockquote">
  <p>弱小和无知不是生存的障碍，傲慢才是。</p>
  <footer class="blockquote-footer">——<cite title="刘慈欣">《三体》</cite></footer>
</blockquote>
<blockquote class="blockquote">
  <p>弱小和无知不是生存的障碍，傲慢才是。</p>
  <footer class="blockquote-footer text-end">—— <cite title="刘慈欣">《三体》</cite></footer>
</blockquote>
</body>
```

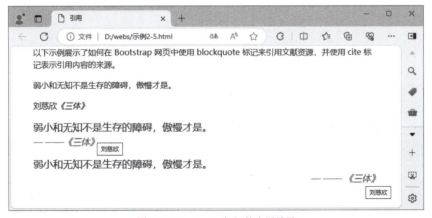

图 2-8　blockquote 标记的应用效果

图2-8所示的是同一个引用的对比效果。.blockquote类和.blockquote-footer类在Bootstrap中的定义代码如下：

```css
.blockquote {
    margin-bottom: 1rem;
    font-size: 1.25rem;
}
.blockquote-footer {
    font-size: 0.875em;
    color: #6c757d;        /* 灰色系，使脚注文本的颜色比主文本浅，使其不那么突出 */
    margin-top: 0.5rem;
    margin-bottom: 0;      /* 将底部外边距设置为0，以避免不必要的空白 */
}
.blockquote-footer::before {
    content: '\2014\00A0'; /* 这是在引用文本前添加一个破折号和一个空格 */
}
```

Bootstrap为地址(address)设置了增强样式。address标记用于在网页上显示联系信息，其定义代码如下：

```css
address {
    margin-bottom: 1rem;
    font-style: normal;
    line-height: inherit;
}
```

以下代码引用了address标记：

```html
<address>
    <strong>公司名称</strong><br>
    123 地址街道<br>
    城市, 州 12345<br>
    <abbr title="电话">电话：</abbr> (123) 456-7890<br>
    <a href="mailto:miaofa@sina.com">miaofa@sina.com</a>
</address>
```

2.4.3 列表

Bootstrap为列表实现了增强样式，主要包括无序列表和有序列表。列表标记的使用方式和HTML5中的是一样的。Bootstrap使用.list-unstyled类删除列表的自定义样式，使用.list-inline类实现内联列表。

【示例2-7】在网页中设计不同样式的列表，效果如图2-9所示。

(1) 无序列表。

```html
<ul>
    <li>项目1</li>
```

```
   <li>项目2</li>
   <li>项目3</li>
 </ul>
```

(2) 使用.list-unstyled类的无符号列表。

```
<ul class="list-unstyled">
  <li>项目1</li>
  <li>项目2</li>
  <li>项目3</li>
</ul>
```

(3) 使用.list-inline类的内联列表。

```
<ul class="list-inline">
  <li class="list-inline-item">项目1</li>
  <li class="list-inline-item">项目2</li>
  <li class="list-inline-item">项目3</li>
</ul>
```

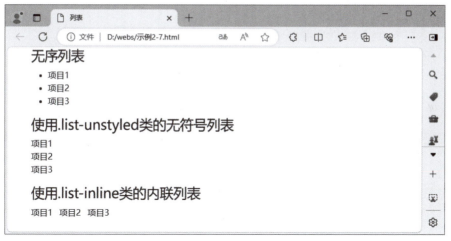

图2-9　不同样式的列表

以上代码中，class="list-inline"用于将所有列表项置于同一行。同时，.list-inline类需要和.list-inline-item类结合使用。

配合Bootstrap网格系统中的.row类、.col系列类，使用dl、dt、dd标记，可以创建自定义列表。下面将举例来介绍。

【示例2-8】在网页中创建如图2-10所示的自定义列表(当视口宽度小于576px时，自定义列表将从上到下堆叠显示)。

```
<body class="container">
<h1>自定义列表</h1>
<p>以下是一个自定义列表的示例。</p>
<dl class="row">
```

```html
    <dt class="col-sm-3">茶叶名称：</dt>
    <dd class="col-sm-9">绿茶</dd>
    <dt class="col-sm-3">产地：</dt>
    <dd class="col-sm-9">中国</dd>
    <dt class="col-sm-3">特点：</dt>
    <dd class="col-sm-9">清淡的味道和独特的草香</dd>
</dl>
<dl class="row">
    <dt class="col-sm-3">茶叶名称：</dt>
    <dd class="col-sm-9">红茶</dd>
    <dt class="col-sm-3">产地：</dt>
    <dd class="col-sm-9">印度</dd>
    <dt class="col-sm-3">特点：</dt>
    <dd class="col-sm-9">呈现出深红色，口感浓郁</dd>
</dl>
<dl class="row">
    <dt class="col-sm-3">茶叶名称：</dt>
    <dd class="col-sm-9">乌龙茶</dd>
    <dt class="col-sm-3">产地：</dt>
    <dd class="col-sm-9">泰国</dd>
    <dt class="col-sm-3">特点：</dt>
    <dd class="col-sm-9">介于绿茶和红茶之间，具有花香和果香</dd>
</dl>
</body>
```

图 2-10　自定义列表效果

2.4.4 代码

Bootstrap可以显示行内嵌入的内联代码和多行代码段，下面分别对其展开介绍。

1. 行内代码

\<code\>标签用于表示计算机源代码或其他设备可以阅读的文本内容。Bootstrap优化了\<code\>标签默认样式效果，代码如下：

```
code {
  font-size: 87.5%;
  color: #e83e8c;
  word-break: break-word;
}
```

【示例2-9】在网页中创建效果如图2-11所示的行内代码。

```
<body class="container">
<h1>行内代码示例</h1>
<p>以下是一个行内代码的示例：</p>

<!-- 行内代码示例 -->
<p>在 Bootstrap 中，你可以使用 <code>.btn</code> 类来创建按钮：</p>
<button type="button" class="btn btn-primary">主要按钮</button>
</body>
```

图2-11　行内代码效果示例

2. 代码块

使用\<pre\>标签可以包裹代码块，可以对HTML的尖括号进行转义；还可以使用.pre-scrollable类样式，实现垂直滚动的效果，它默认提供350px的高度。

【示例2-10】使用\<pre\>标签在网页中显示效果如图2-12所示的代码块。

```
<body class="container">
    <h4>代码块示例</h4>
```

```
    <pre>
      <code>
        function sayHello() {
          console.log("Hello, World!");
        }
        sayHello();
      </code>
    </pre>
  </body>
```

图 2-12　代码块显示效果

以上代码用一个<pre>标签表示预格式化的文本区块，其内部包含一个<code>标签，用来包裹代码块。代码块中包含一个简单的 JavaScript 函数 sayHello()，用于在控制台打印输出 "Hello, World!" 信息。最后，代码块调用了 sayHello() 函数，实际执行了打印操作。

2.5　图片

在 Bootstrap 中，图片也是一个重要的组件，开发者可以利用 Bootstrap 提供的类来控制图片的样式和行为。

2.5.1　响应式图片

在 Bootstrap 中，使用 .img-fluid 类可以让图片支持响应式布局；使用 .img-thumbnail 类，可以设置图片的内边距和灰色的边框。这两个类的定义代码如下：

```
.img-fluid {
  max-width: 100%;
  height: auto;
}

.img-thumbnail {
  padding: 0.25rem;
  background-color: #fff;
```

```
      border: 1px solid #dee2e6;
      border-radius: 0.25rem;
      max-width: 100%;
      height: auto;
}
```

【示例2-11】 在网页中实现响应式图片，效果如图2-13所示。

```
<body>
<div class="container">
  <h3>响应式图片示例</h3>
  <img src="https://via.placeholder.com/1200" class="img-fluid" alt="响应式图片示例">
</div>
</body>
```

以上代码中<img src="https://via.placeholder.com/1200" class="img-fluid" alt="响应式图片示例">用于在网页中显示响应式图片，其中src属性定义了图片的来源URL(在示例中URL是占位符，服务提供的图片)；img-fluid类是Bootstrap框架提供的一个类，使图片能够响应式地调整大小(它将图片的最大宽度设为100%，自动调整图片的高度以保持宽高比)；alt 属性提供图片的替代文本(如果图片无法加载，这段文本将显示在图片位置)。

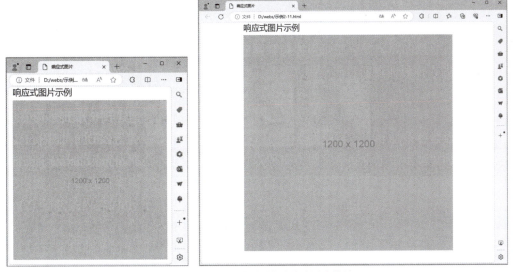

图 2-13　不同尺寸页面的响应式图片效果

2.5.2 图片边框

在Bootstrap 4中，使用.img-thumbnail类可以为图片加一个圆角且边界为1px的外框样式。但在 Bootstrap 5 中.img-thumbnai类被废弃，用户可以使用.rounded类来添加圆角边框，使用.border 类添加边框样式。

【示例2-12】使用.rounded类和.border 类为图片添加如图2-14所示的边框效果。

```
<img src="https://via.placeholder.com/1200" class="img-fluid rounded border border-3" alt="图片边框">
```

以上代码中，class="img-fluid rounded border border-3"设置图片元素的类属性，用于添加样式和效果。具体解释如下。

- img-fluid 类：使图片具有响应式特性，即图片能够根据父容器的大小自动调整大小，以适应不同大小的屏幕。
- rounded 类：给图片添加圆角效果，使得图片的角变得圆润。
- border 类：为图片添加边框效果。
- border-3 类：表示为图片添加3px的边框，使得边框线条更粗。

图 2-14 图片边框效果

2.5.3 图片形状

想要让图片呈现不同的形状，可以使用.rounded、.rounded-circle、.rounded-pill等工具类。这里需要注意的是，在Bootstrap 5中已经不再支持Bootstrap 3中的.img-rounded类、.img-circle类，相应功能均使用.rounded系列工具类实现；Bootstrap 3中的.img-responsive类被.img-fluid类替代。

【示例2-13】使用.rounded、.rounded-circle、.rounded-pill等工具类实现不同形状的图片效果，如图2-15所示。

```
<img src="https://via.placeholder.com/200" class="img-fluid rounded" alt="圆角图片">
<img src="https://via.placeholder.com/200" class="img-fluid rounded-circle" alt="圆形图片">
<img src="https://via.placeholder.com/150×200" class="img-fluid rounded-pill" alt="椭圆图片">
```

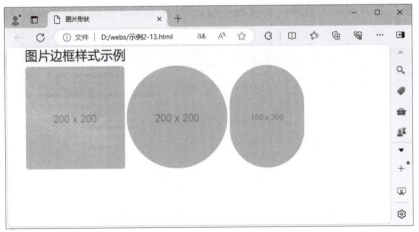

图 2-15　不同图片形状效果

2.6　轮廓

Bootstrap使用轮廓标记来显示关联的图片和文本。例如要显示带有标题的图片，可以使用figure标记。使用.figure类、.figure-img类和.figure-caption类，可以为HTML5的figure和figcaption元素提供一些基本样式。

【示例2-14】应用轮廓标记，效果如图2-16所示。

```
<div class="container">
  <figure class="figure">
    <img src="P5.png" class="figure-img img-fluid rounded" alt="Example Image">
    <figcaption class="figure-caption">This is an example image with a caption.</figcaption>
  </figure>
</div>
```

以上示例使用了Bootstrap的轮廓标记来展示一张图片和其标题的效果，其代码说明如下。

- <figure class="figure">的作用是包含一段独立内容，例如图片、图表、表格等。通过添加Bootstrap的.figure类，可以让这个<figure>元素拥有一些基本样式。
- <img src="P5.png" class="figure-img img-fluid rounded" alt="Example Image">的作用是显示图片。其中，src属性指定了图片的路径，.figure-img类、img-fluid类、rounded类用于设定图片的样式，使其具有响应式设计和圆角边框。
- <figcaption class="figure-caption">This is an example image with a caption.</figcaption>的作用是为图片提供一个相关的标题文本。.figure-caption类的样式定义为这个标题文本应用特定的外观样式。

此外，为了实现较好的显示效果，还可以使用.text-center、.mt-3等工具类，分别用于设置文本居中和上外边距效果。

图 2-16　轮廓标记应用效果

2.7　实战案例——在线简历模板

通过阅读本章内容，读者学习了 Bootstrap 使用的默认排版设置，掌握了许多有助于调整网页中标题、正文、文本块和图片效果的 Boostrap 样式。下面的实战训练部分将通过实际案例，帮助用户巩固所学知识，同时预习后面章节所要学习的内容。

2.7.1　案例概述

在线简历模板是招聘网站提供的一个功能性页面，用于帮助求职者创建个性化的简历。此类模板通常包含多种设计风格和布局选择，求职者可以根据自己的经历和行业标准进行定制。求职者可以在线编辑内容，轻松完成简历编辑。本案例将制作一个响应式的个人简历模板项目，案例使用 Bootstrap 和 CSS 技术设计整个布局，适合初学者模仿学习。

1. 案例效果

本案例将制作效果如图 2-17 所示的简历模板页面。

简历模板页面使用响应式布局，在中型以上设备(＞786px)中将显示为图 2-17 所示的效果；在中型以下设备(＜786px)中将响应式地进行排列，效果如图 2-18 所示。

在模板页面导航条中单击"发送邮件"将会跳转到联系页面，单击"学历照片"将会跳转到学历证书照片页面(本例未提供这两个页面源代码，请读者阅读本书后，举一反三，通过自行编写这两个页面巩固所学的知识)。

图 2-17 在线简历模板页面效果

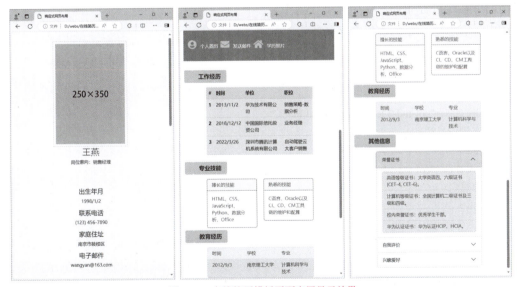

图 2-18 在线简历模板页面窄屏显示效果

2. 设计准备

在本案例中,建议使用HTML5文档类型来构建基于Bootstrap框架的页面。同时,在页面头部区域应导入框架的基本样式文件、脚本文件、jQuery文件和自定义的CSS文件。项目的配置文件如下：

```html
<!DOCTYPE html>
<html lang="zh-CN">
<head>
  <meta charset="UTF-8">
  <meta name="viewport" content="width=device-width, initial-scale=1.0">
  <title>模态框示例</title>
  <link href="https://cdn.jsdelivr.net/npm/bootstrap@5.3.0/dist/css/bootstrap.min.css" rel="stylesheet">
  <link rel="stylesheet" href="https://cdnjs.cloudflare.com/ajax/libs/font-awesome/5.15.4/css/all.min.css">
</head>
<body>
  <!-- HTML内容在这里编写 -->

  <!-- JavaScript库和Bootstrap JS 应该放在文档的底部 -->
  <script src="https://cdn.jsdelivr.net/npm/@popperjs/core@2.11.6/dist/umd/popper.min.js"></script>
  <script src="https://cdn.jsdelivr.net/npm/bootstrap@5.3.0/dist/js/bootstrap.min.js"></script>
</body>
</html>
```

2.7.2 设计布局

本例将在页面布局3个区域，左侧为信息栏，右侧由导航条和内容区组成。整个页面使用网格系统进行布局，在中大屏设备中分别占3份和9份，如图2-19左图所示；在小屏幕设备中，信息栏、导航条和内容区各占一行，如图2-19右图所示。布局代码如下：

```html
<div class="container-fluid">
  <div class="row">
    <!-- 左侧信息栏 -->
    <div class="col-md-3 left d-none d-md-block">
      左侧信息栏
    </div>
    <div class="col-sm-12 d-block d-md-none left">
      信息栏
    </div>
    <!-- 右侧内容区 -->
    <div class="col-md-9">
      <!-- 导航条 -->
      <div class="nav-bar">
        导航条
      </div>
      <!-- 主内容 -->
      <div class="content">
        内容区
```

```
      </div>
    </div>
   </div>
  </div>
```

图 2-19　案例页面在各种设备中的布局效果

针对页面布局，本案例还需要添加自定义样式以优化视觉效果。通过设置HTML的最小宽度min-width属性，确保页面在缩放到400px时，页面不再缩小。在不同宽度的设备中，为了使页面更友好，使用媒体查询技术来设置文字的大小，在中大屏幕中设置为15px，在小屏幕中设置为14px，这样在不同的设备中将会自动调整网页元素。在中大屏幕设备中，为信息栏添加了固定位置，使用margin-left:25%设置右侧内容栏的位置。具体代码如下：

```
<style>
 .left {
   background: #f8f9fa;
   text-align: center;
   padding: 1rem;
 }
 .nav-bar {
   background: #17a2b8;
   text-align: center;
   padding: 1rem;
   color: white;
 }
 .content {
   padding: 2rem;
 }
</style>
```

2.7.3　制作信息栏

在线简历模板页面的左侧信息栏包含上下两部分，上半部分由1个img标签和2个h标签组成。img标签用来设置个人照片，并且添加img-fluid类和border类；h3标签标明姓名、h5标签标明求职意向。下半部分使用h标签和p标签标明个人信息。

左侧信息栏使用网格系统进行布局，在小型设备和超小型设备中一行显示，在中型及以上设备(＞768px)中，占一行的3份，如图2-20所示。

```
<div class="col-sm-12 col-md-3 left">
  <div class="row justify-content-center">
    <div class="col-12 p-4 text-center">
      <img src="profile.jpg" alt="Personal Photo" class="img-fluid p-2 border">
      <h3>王燕</h3>
      <h5>岗位意向：销售经理</h5>
    </div>
    <div class="col-12 p-5 p-md-4">
      <h4>出生年月</h4>
      <p>1998/1/2</p>
      <h4>联系电话</h4>
      <p>(123) 456-7890</p>
      <h4>家庭住址</h4>
      <p>南京市鼓楼区</p>
      <h4>电子邮件</h4>
      <p>wangyan@163.com</p>
    </div>
  </div>
</div>
<!-- JavaScript库和Bootstrap JS 应该放在文档的底部 -->
<script src="https://cdn.jsdelivr.net/npm/@popperjs/core@2.11.6/dist/umd/popper.min.js"></script>
<script src="https://cdn.jsdelivr.net/npm/bootstrap@5.3.0/dist/js/bootstrap.min.js"></script>
</body>
```

在中型及以上设备的显示效果

在小型和超小型设备的显示效果

图2-20 案例页面在各种设备中的布局效果

2.7.4 制作导航条

导航条使用无序列表进行定义。使用Bootstrap响应式浮动类来设置列表项目。在小屏幕设备中左浮动，使用<li class="float-sm-left">定义；清除浮动使用<ul class="clearfix">定义。每个列表项目添加字体图标，在浏览器中的运行效果如图2-17所示。

```
<div class="my-4">
  <ul class="d-flex align-items-center">
   <li class="me-2">
    <i class="fas fa-user-circle fa-2x"></i>
      <a href="index.html" class="text-white ms-2">个人简历</a>
   </li>
   <li class="me-2">
    <i class="fas fa-envelope fa-2x"></i>
      <a href="contact.html" class="text-white ms-2">发送邮件</a>
   </li>
   <li>
    <i class="fas fa-home fa-2x"></i>
      <a href="photo.html" class="text-white ms-2">学历照片</a>
   </li>
  </ul>
</div>
```

使用CSS样式去掉无序列表的项目符号，为字体图标添加颜色，并消除超链接下画线：

```
ul{list-style: none;}
i{color:#B7DEE5}
a {text-decoration: none;}
```

2.7.5 制作简历主页

在线简历模板的主页内容包括工作经历、专业技能、教育经历和其他信息4部分，每部分使用不同的Bootstrap组件设计。

1. 工作经历

如图2-21所示，工作经历部分主要包括以下两部分。
- 标题(使用h5定义)，添加自定义的color1的颜色类。
- 工作经历信息栏，使用Bootstrap表格组件进行布局。

使用<table class="table">定义表格组件，使用<tbody class="table-info">定义表头背景色，具体代码如下。

```
<h5 class="color1">工作经历</h5>
  <div class="px-5 py-2">
    <table class="table">
```

```html
        <thead class="table-success">
          <tr>
            <th scope="col">#</th>
            <th scope="col">时间</th>
            <th scope="col">单位</th>
            <th scope="col">职位</th>
          </tr>
        </thead>
        <tbody class="table-info">
          <tr>
            <th>1</th>
            <td>2013/11/2</td>
            <td>华为技术有限公司</td>
            <td>销售策略-数据分析</td>
          </tr>
          <tr>
            <th>2</th>
            <td>2018/12/12</td>
            <td>中国国际信托投资公司</td>
            <td>业务经理</td>
          </tr>
          <tr>
            <th>3</th>
            <td>2022/3/26</td>
            <td>深圳市腾讯计算机系统有限公司</td>
            <td>自动驾驶云大客户销售</td>
          </tr>
        </tbody>
      </table>
    </div>
```

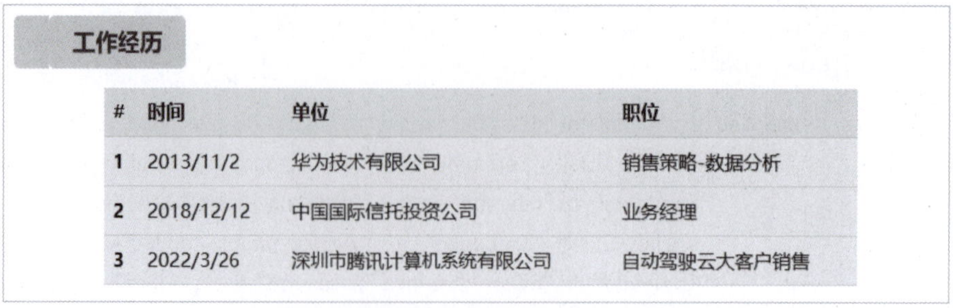

工作经历

#	时间	单位	职位
1	2013/11/2	华为技术有限公司	销售策略-数据分析
2	2018/12/12	中国国际信托投资公司	业务经理
3	2022/3/26	深圳市腾讯计算机系统有限公司	自动驾驶云大客户销售

图 2-21 工作经历部分

使用CSS样式设置"工作经历"背景色的长度和颜色：

```
.color1 {
    background-color: #d1d1d1; /* 浅灰色背景 */
```

```
    padding: 10px 20px; /* 上下10px,左右20px填充 */
    display: inline-block; /* 使背景颜色仅覆盖文字区域 */
    font-weight: bold; /* 加粗文字 */
    border-radius: 5px; /* 圆角效果 */
    text-align: center; /* 居中文本 */
    position: relative; /* 设置相对定位以支持伪元素定位 */
}

.color1::before {
    content: ""; /* 插入一个空内容 */
    position: absolute; /* 绝对定位 */
    top: 0; /* 与父元素顶部对齐 */
    left: -30px; /* 向左扩展30px */
    bottom: 0;/* 与父元素底部对齐 */
    width: 30px; /* 设置左侧扩展宽度 */
    background-color: #d1d1d1; /* 浅灰色背景 */
    border-top-left-radius: 5px; /* 左上圆角 */
    border-bottom-left-radius: 5px; /* 左下圆角 */
}
```

2. 专业技能

专业技能部分主要包括以下两部分。

- 标题(使用h5表示定义),添加自定义的color1的颜色类。
- 专业技能信息栏,使用Bootstrap栅格系统进行布局。

专业技能信息栏使用栅格系统进行布局设计,一行两列,效果如图2-22所示。

```html
<h5 class="color1">专业技能</h5>
<div class="px-5 py-2">
  <!-- 嵌套栅格 -->
  <div class="row">
    <div class="col-6">
      <!-- 使用卡片组件 -->
      <div class="card border-primary text-primary">
        <div class="card-header border-primary">擅长的技能</div>
        <div class="card-body">
          <p class="card-text">HTML、CSS、JavaScript、Python、数据分析、Office</p>
        </div>
      </div>
    </div>
    <div class="col-6">
      <div class="card border-success text-success">
        <div class="card-header border-success">熟悉的技能</div>
        <div class="card-body">
          <p class="card-text">C语言、Oracle以及CI、CD、CM工具链的维护和配置</p>
```

```
            </div>
          </div>
        </div>
      </div>
    </div>
```

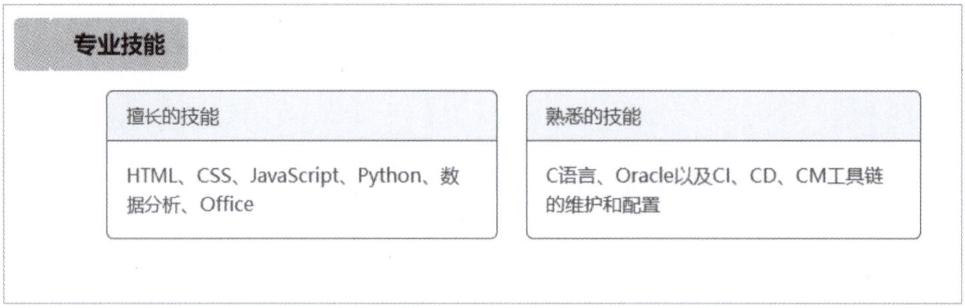

图 2-22 专业技能部分

3. 教育经历

教育经历部分主要包括以下两部分。

- 标题(使用h5定义)，添加自定义的color1的颜色类。
- 教育经历信息栏，使用Bootstrap列表组件进行布局。

教育经历信息栏使用Bootstrap列表组组件进行设计。使用<ul class="list-group">定义列表组件，使用<li class="list-group-item">定义列表组项目，然后在列表组中嵌套网格系统，布局为每行三列，效果如图2-23所示。

```
<h5 class="color1">教育经历</h5>
<div class="px-5 py-2">
  <ul class="list-group">
    <li class="list-group-item list list-group-item-warning">
      <div class="row">
        <div class="col-4">时间</div>
        <div class="col-4">学校</div>
        <div class="col-4">专业</div>
      </div>
    </li>
    <li class="list-group-item list-group-item-info">
      <div class="row">
        <div class="col-4">2012/9/3</div>
        <div class="col-4">南京理工大学</div>
        <div class="col-4">计算机科学与技术</div>
      </div>
    </li>
  </ul>
</div>
```

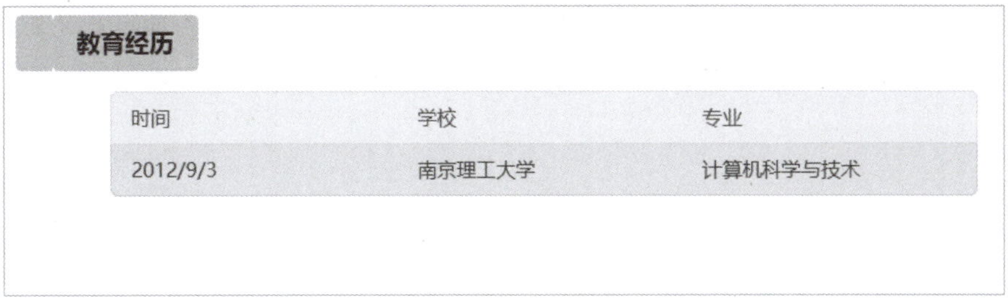

图2-23 教育经历部分

4. 其他信息

其他信息主要包括以下两部分。

- 标题(使用h5定义)，添加自定义的color1的颜色类。
- 其他信息栏采用Bootstrap折叠组件设计，以手风琴式布局呈现。

手风琴信息栏是折叠组件、卡片组件和列表组结合设计完成的。使用\<div class="accordion"\>定义手风琴折叠框。在折叠框中使用\<div class="accordion-item"\>定义三个卡片容器。然后在卡片中设计折叠选项面板，每个面板包含以下两部分。

- 标题部分：使用\<h2 class="card-header"\>定义，在其中添加一个超链接，通过id绑定内容主体部分。
- 内容主体部分：使用\<div id="#id" data-parent="#accordion"\>定义。通过定义data-parent="#accordion"属性设置折叠包含框，以便在该框内只能显示一个单元项目。

完成以上步骤后，在页面中单击任意一个标题，便可以激活下方的主体部分，效果如图2-24所示。

```html
<h5 class="color1">其他信息</h5>
<div class="px-5 py-2">
  <div class="accordion" id="accordionExample">
    <div class="accordion-item">
      <h2 class="accordion-header" id="headingOne">
        <button class="accordion-button" type="button" data-bs-toggle="collapse" data-bs-target="#collapseOne" aria-expanded="true" aria-controls="collapseOne">
荣誉证书 </button>
      </h2>
      <div id="collapseOne" class="accordion-collapse collapse show" aria-labelledby="headingOne" data-bs-parent="#accordionExample">
        <div class="accordion-body">
          <ul class="list-group">
            <li class="list-group-item list-group-item-info"> 英语等级证书：大学英语四、六级证书(CET-4, CET-6)。 </li>
            <li class="list-group-item list-group-item-info"> 计算机等级证书：全国计算机二级证书及三级和四级。 </li>
            <li class="list-group-item list-group-item-info"> 校内荣誉证书：优秀学生干部。 </li>
```

```html
        <li class="list-group-item list-group-item-info">华为认证证书：华为认证HCIP、HCIA。</li>
      </ul>
     </div>
    </div>
   </div>
   <div class="accordion-item">
    <h2 class="accordion-header" id="headingTwo">
     <button class="accordion-button collapsed" type="button" data-bs-toggle="collapse" data-bs-target="#collapseTwo" aria-expanded="false" aria-controls="collapseTwo">
      自我评价 </button>
    </h2>
    <div id="collapseTwo" class="accordion-collapse collapse" aria-labelledby="headingTwo" data-bs-parent="#accordionExample">
     <div class="accordion-body"> 我是一名资深职场人士，拥有多年丰富的工作经验，曾在华为技术有限公司和中国国际信托投资公司等知名企业积累了深厚的销售与业务管理背景。目前，我在深圳市腾讯计算机系统有限公司担任自动驾驶云大客户销售一职。

      在过去的职业生涯中，我专注于与客户建立长期稳定的合作关系，并通过深入了解客户需求与市场动态，有效推动业绩增长。我以卓越的沟通能力、谈判技巧和团队合作精神著称，这些优势不仅帮助我在复杂竞争环境中取得成功，也为企业带来了可观的业绩。

      作为一个富有创新精神的销售专家，我始终保持着对行业发展趋势的敏锐感知，并致力于为客户提供最优质的解决方案。我的工作理念是始终站在客户的角度思考问题，努力超越期望，确保每位客户都能得到满意和持续的支持。

      我希望能有机会加入贵公司的团队，与优秀的同事们共同追求卓越，共同开拓市场。我期待着能为贵公司带来我的经验和热情，并在这个充满机遇的行业中持续成长和进步。

      衷心感谢您花时间阅读我的自我介绍，期待有机会与您进一步交流。 </div>
    </div>
   </div>
   <div class="accordion-item">
    <h2 class="accordion-header" id="headingThree">
     <button class="accordion-button collapsed" type="button" data-bs-toggle="collapse" data-bs-target="#collapseThree" aria-expanded="false" aria-controls="collapseThree"> 兴趣爱好 </button>
    </h2>
    <div id="collapseThree" class="accordion-collapse collapse" aria-labelledby="headingThree" data-bs-parent="#accordionExample">
     <div class="accordion-body">
      <ul class="list-group">
       <li class="list-group-item list-group-item-info">喜欢探索各种类型的书籍，特别是关于历史、科技和心理学的。</li>
       <li class="list-group-item list-group-item-info">热爱徒步旅行和登山，喜欢在大自然中享受宁静和挑战。</li>
       <li class="list-group-item list-group-item-info">喜欢听各种风格的音乐，尤其是古典音乐和爵士乐，也喜欢弹钢琴。</li>
       <li class="list-group-item list-group-item-info">关注健康生活，每周定期进行跑步和健身训练，保持身体和心理的健康。</li>
```

                    <li class="list-group-item list-group-item-info">对新兴科技和创新产品充满兴趣，喜欢探索最新的科技趋势和应用。</li>
                </ul>
            </div>
        </div>
      </div>
    </div>
</div>

图 2-24　其他信息部分

2.8　思考与练习

1. 简答题

(1) Bootstrap 5 的 CSS 基础样式中包含哪些内联文本元素？

(2) 查阅 Bootstrap 5 在线文档，查看 .display-1 至 .display-6 类的定义代码，并解释其中各个属性的含义。

(3) 在 Bootstrap 5 中，控制列表样式主要使用哪些类？

(4) 在 Bootstrap 5 中，可以为 <img> 元素添加哪些类？这些类的具体功能是什么？

(5) 在 Bootstrap 5 中，如何设置文本对齐方式？请列出用于文本对齐的主要类及其效果。

(6) Bootstrap 5 提供了哪些类用于调整元素的边距和补白？请举例说明如何在容器内应用这些类。

(7) Bootstrap 5 如何为页面排版提供响应式工具？请列出并解释相关的排版类及其使用场景。

(8) 在 Bootstrap 5 中，使用哪些类可以为图片添加边框和圆角效果？这些类的具体作用是什么？

2. 操作题

使用Bootstrap 5设计一个效果如图2-25所示的产品介绍页面。

图 2-25　产品介绍页面

第 3 章

组件库

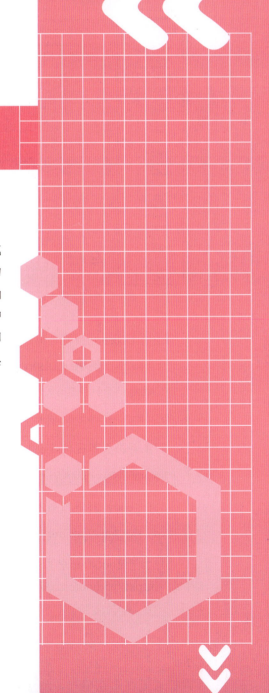

　　Bootstrap组件库是一套由Bootstrap框架提供的现成的UI组件集合,旨在帮助开发者快速搭建具有各种功能和样式的网页。这个组件库包含丰富的UI元素,涵盖了从导航栏、按钮到模态窗口、卡片和进度条等各种常见的界面元素。开发者可以通过简单的HTML结构和Bootstrap提供的CSS和JavaScript组件,轻松地构建出具有响应式设计的现代化网页。

3.1 正确使用Bootstrap组件

Bootstrap 内置了众多可重复使用的组件,包括按钮、按钮组、下拉菜单、徽章、进度条、导航栏、表单、列表组等。用户访问Bootstrap中文网站(参见本书第1.2节),在Components列表中可以查询所有组件的示例和相关代码,如图3-1所示。

图 3-1　Bootstrap 组件列表及示例

在介绍Boostrap组件之前,先通过一个导航栏案例,介绍Bootstrap组件的正确用法。

【示例3-1】使用Bootstrap中文网站提供的代码制作一个导航栏。

01 新建一个HTML5文档,在<head>区添加响应式的视图标签。

```
<meta name="viewport" content="width=device-width, initial-scale=1, shrink-to-fit=no">
```

02 在页面头部区域<head>标签内引入Bootstrap样式文件bootstrap.min.css:

```
<link href="https://cdn.jsdelivr.net/npm/bootstrap@5.3.0-alpha1/dist/css/bootstrap.min.css" rel="stylesheet">
```

03 在<body>标签内引入Bootstrap插件文件bootstrap.bundle.min.js:

```
<script src="https://cdn.jsdelivr.net/npm/bootstrap@5.3.0-alpha1/dist/js/bootstrap.bundle.min.js"></script>
```

04 打开Bootstrap中文网站,在Components列表中访问Navbar链接,在打开的页面(网址:https://v5.bootcss.com/docs/components/navbar/)中复制导航栏组件代码,如图3-1所示。

05 将复制的代码粘贴至网页文档的<body>标签内，保存并预览网页，效果如图3-2所示。

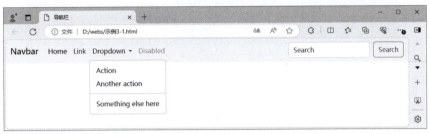

图 3-2　导航栏组件效果

06 返回Bootstrap网站介绍导航栏组件的示例页面，页面中介绍了为导航栏添加图片Logo的方法，示例和代码如图3-3所示。

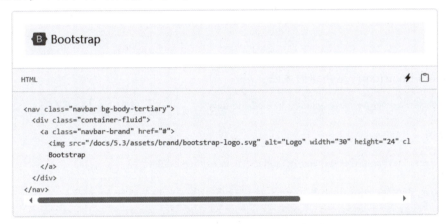

图 3-3　Bootstrap 关于添加导航栏图片的示例

07 参考Bootstrap网站介绍的方法，在导航栏代码的<a>标签内加入一个<img>标签(将准备好的Logo图片logo.jpg复制到网站根目录中)：

`<img src="logo.jpg" alt="Logo" width="30" height="30" class="d-inline-block align-text-top">`

08 保存并预览网页，效果如图3-4所示。

图 3-4　导航栏添加 Logo 图片效果

09 返回Bootstrap网站介绍导航栏组件的示例页面，页面中还介绍了修改导航栏主题的方法，示例和代码如图3-5所示。

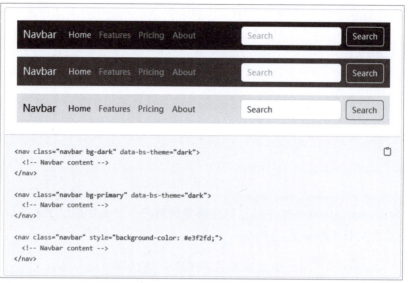

图 3-5 Bootstrap 关于设置导航栏主题的示例

10 参考 Bootstrap 网站介绍的方法，将

```
<nav class="navbar navbar-expand-lg bg-body-tertiary">
```

修改为

```
<nav class="navbar navbar-expand-lg bg-dark" data-bs-theme="dark">
```

在 nav 元素中添加 bg-dark 类，为导航栏设置效果如图 3-6 所示的主题效果。

图 3-6 导航栏主题效果

11 返回 Bootstrap 网站介绍导航栏组件的示例页面，页面中还介绍了关于导航栏组件的其他设置方法，例如图 3-7 所示的示例介绍了如何将导航栏放置在页面底部。

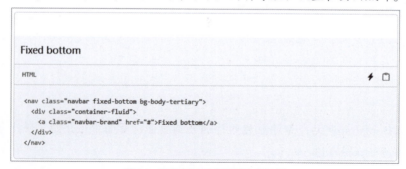

图 3-7 导航栏放置在页面底部示例

⓬ 参考Bootstrap网站介绍的方法，在nav元素中添加fixed-bottom类：

`<nav class="navbar navbar-expand-lg bg-dark fixed-bottom" data-bs-theme="dark">`

保存并预览网页，效果如图3-8所示。

图3-8　导航栏位于网页底部

⓭ 导航栏的fixed-bottom类被应用于<nav>元素后，会将导航栏固定在页面底部。此时，由于页面内容较少，导航栏可能无法滚动到视图之外，因此其中的Dropdown下拉按钮看上去就失效了。要解决这个问题，我们可以增加页面内容，以便产生足够多的滚动，或者将以下CSS添加到<head>标签内的<style>部分，调整下拉按钮的菜单向上展开：

```
.nav-item.dropdown .dropdown-menu {
    transform: translate(0, -100%);
}
```

通过分析示例3-1我们可以看到，借鉴 Bootstrap官方网站上提供的组件示例，能够显著提高项目的开发效率。此外，熟悉如何设置组件的类和属性不仅能进一步提升用户体验，还能帮助开发者快速制作出视觉效果卓越的网页。

接下来，我们将介绍按钮、按钮组、导航、标签和徽章等比较常用的组件。

3.2　按钮和按钮组

按钮和按钮组是网页中重要的组件，被广泛应用于表单、下拉菜单、对话框等场景。

3.2.1　按钮

1. 制作不同样式的按钮

Bootstrap 提供了一套丰富的按钮组件，用于创建各种类型和样式的按钮。任何应用.btn类的元素，例如div、span等元素，都会继承圆角灰色按钮的默认外观，并且可以通过一些样式类来替代按钮的样式。

Bootstrap提供的有关按钮的样式类如表3-1所示。

表3-1 Bootstrap 提供的有关按钮的样式类

按钮样式类	说明	效果
.btn类	用于为按钮添加基本样式，包括display、font-weight、line-height、color、text-align、text-decoration、cursor等属性	按钮
.btn-primary类	表示主要的按钮(蓝色按钮)	按钮
.btn-secondary类	表示次要的按钮(灰色按钮)	按钮
.btn-success类	表示成功的按钮(绿色按钮)	按钮
.btn-info类	表示弹出信息的按钮(浅蓝色按钮)	按钮
.btn-warning类	表示需要谨慎操作的按钮(黄色按钮)	按钮
.btn-danger类	表示危险的按钮(红色按钮)	按钮
.btn-light类	浅色按钮	按钮
.btn-dark类	黑色按钮	按钮

【示例3-2】应用Button、a、div、span等元素定义不同样式的按钮，效果如图3-9所示。

```html
<body>
<div class="container mt-5">
  <h5>使用Button元素定义不同样式的按钮</h5>
  <button class="btn border">Btn Button</button>
  <button class="btn btn-secondary">Secondary Button</button>
  <button class="btn btn-danger">Danger Button</button>
  <h5>使用a元素定义不同样式的按钮</h5>
  <a href="#" class="btn btn-primary">Primary Link</a>
  <a href="#" class="btn btn-success">Success Link</a>
  <h5>使用div元素定义不同样式的按钮</h5>
  <div class="btn btn-info">Info Div</div>
  <div class="btn btn-warning">Warning Div</div>
  <h5>使用span元素定义不同样式的按钮</h5>
  <span class="btn btn-light">Light Span</span>
  <span class="btn btn-dark">Dark Span</span>
</div>
</body>
```

图 3-9　使用不同元素定义按钮

以上代码中，第一个按钮使用<button class="btn border">Btn Button</button>，为按钮添加一个.border类，这是因为单一的<button class="btn">…</button>不显示按钮的特征(只显示按钮上的文本)，.btn类要和按钮的样式类一起使用才能实现不同风格的按钮。

2. 设置大按钮和小按钮

使用.btn-lg类和.btn-sm类可以制作大按钮和小按钮。

【示例3-3】为按钮设置不同大小，效果如图3-10所示。

```
<body>
<div class="container mt-5">
  <button class="btn border">Btn Button</button>
  <button class="btn btn-secondary btn-lg">Secondary Button</button>
  <button class="btn btn-danger btn-sm">Danger Button</button>
</div>
</body>
```

图 3-10　不同大小的按钮

3. 设置按钮的激活状态

使用.active类和.disabled类可以设置按钮激活和禁用状态。

【示例3-4】为按钮设置激活和禁用状态。

```
<div class="container mt-5">
  <div class="btn btn-info active">Info Div</div>
  <div class="btn btn-warning disabled">Warning Div</div>
</div>
```

81

4. 为按钮添加边框效果

使用.btn-outline-primary、.btn-outline-success、.btn-outline-info、.btn-outline-warning等类可以为按钮添加边框效果。

【**示例3-5**】为按钮设置各种边框效果，如图3-11所示。

```
<body>
<div class="container mt-5">
  <button class="btn btn-outline-primary">Primary Button</button>
  <button class="btn btn-outline-success">Secondary Button</button>
  <button class="btn btn-outline-info">Danger Button</button>
</div>
</body>
```

图3-11　不同边框效果的按钮

5. 为按钮添加交互状态

Bootstrap通过jQuery扩展了按钮的功能，例如为按钮添加了一些交互状态。具有交互状态的按钮也称按钮插件(按钮插件由Bootstrap的脚本文件button.js实现，类似的.js文件可以在Bootstrap的源代码中找到)，开发者通过按钮插件可以为网页添加按钮交互状态，或者为其他组件(如工具栏)创建按钮组。

为按钮元素添加代码data-bs-toggle="button"可以切换按钮的激活状态。如果想要切换按钮状态，则需要先添加.active类。

【**示例3-6**】使用按钮插件控制按钮状态，效果如图3-12所示。

```
<body>
<div class="container mt-5">
    <button type="button" class="btn btn-primary" data-bs-toggle="button" autocomplete="off">触发状态的按钮</button>
      <button type="button" class="btn btn-primary active" data-bs-toggle="button" autocomplete="off">激活状态的按钮</button>
      <button type="button" class="btn btn-primary" data-bs-toggle="button" disabled autocomplete="off">激活状态的按钮</button>
    </div>
    <script src="https://code.jquery.com/jquery-3.5.1.slim.min.js"></script>
    <script src="https://cdn.jsdelivr.net/npm/bootstrap@4.5.2/dist/js/bootstrap.bundle.min.js"></script>
</body>
```

图 3-12 控制按钮状态效果

3.2.2 按钮组

按钮组允许多个按钮被堆叠在同一行上。当用户想要把按钮对齐放置时,使用按钮组就显得非常有用。

1. 制作不同样式的按钮组

将一组按钮对应的代码放入代码<div class="btn-group">…</div>中可以实现按钮组。如果将按钮组对应的代码放入代码<div class="btn-toolbar">…</div>中,则可以实现更复杂的工具栏按钮组。

【示例3-7】制作基本按钮组、按钮组和工具栏按钮组,效果如图3-13所示。

```
<body>
<div class="container mt-5">
  <h3>基本按钮组</h3>
  <div class="btn-group">
    <button type="button" class="btn btn-primary">按钮 1</button>
    <button type="button" class="btn btn-primary">按钮 2</button>
    <button type="button" class="btn btn-primary">按钮 3</button>
  </div>
  <h3>按钮组</h3>
  <div class="btn-group btn-group-lg">
    <button type="button" class="btn btn-primary">左</button>
    <button type="button" class="btn btn-primary">中</button>
    <button type="button" class="btn btn-primary">右</button>
  </div>
  <h3>工具栏按钮组</h3>
  <div class="btn-toolbar">
    <div class="btn-group">
      <button type="button" class="btn btn-primary">按钮 1</button>
      <button type="button" class="btn btn-primary">按钮 2</button>
    </div>
    <div class="btn-group">
      <button type="button" class="btn btn-secondary">按钮 3</button>
    </div>
    <div class="btn-group" role="group">
```

```html
        <button type="button" class="btn btn-success">按钮 4</button>
        <button type="button" class="btn btn-success">按钮 5</button>
      </div>
    </div>
  </div>
</body>
```

图 3-13　不同样式的按钮组

2. 复选框按钮组和单选按钮组

将类似复选框和单选按钮的按钮组合在一起，可以构成复选框按钮组和单选按钮组。

【示例3-8】 制作复选框按钮组和单选按钮组，效果如图3-14所示。

```html
<div class="container mt-5">
  <h3>复选框按钮组</h3>
  <div class="btn-group mb-2">
    <input type="checkbox" class="btn-check" id="btncheck1">
    <label class="btn btn-outline-primary" for="btncheck1">按钮1</label>
    <input type="checkbox" class="btn-check" id="btncheck2">
    <label class="btn btn-outline-primary" for="btncheck2">按钮2</label>
    <input type="checkbox" class="btn-check" id="btncheck3">
    <label class="btn btn-outline-primary" for="btncheck3">按钮3</label>
  </div>
  <h3>单选按钮组</h3>
  <div class="btn-group mb-2">
    <input type="radio" class="btn-check" name="btnradio" id="btnradio1" checked>
    <label class="btn btn-outline-primary" for="btnradio1">按钮1</label>
    <input type="radio" class="btn-check" name="btnradio" id="btnradio2">
    <label class="btn btn-outline-primary" for="btnradio2">按钮2</label>
    <input type="radio" class="btn-check" name="btnradio" id="btnradio3">
    <label class="btn btn-outline-primary" for="btnradio3">按钮3</label>
  </div>
</div>
```

以上代码中使用的.btn-check 类是Bootstrap 5引入的一种隐藏按钮的实用工具类，通常与自定义按钮样式(如btn btn-outline-primary)结合使用，以创建自定义的按钮输入样式。

其主要作用是将原生HTML按钮或输入框隐藏，但仍然保留其功能，然后通过标签样式(<label>) 实现自定义的按钮式外观。

图3-14　复选框按钮组和单选按钮组的效果

3.3　标签和徽章

在Bootstrap 5中，标签组件和徽章组件虽然在功能上有所不同，但都使用.badge 类来创建。这意味着，用户在使用Bootstrap 5时，可以使用.badge 类来同时创建徽章和标签。

3.3.1　标签

在Bootstrap 5中，用户可以使用.badge 类来为内容添加标签组件。

【示例3-9】使用 Bootstrap 5在网页中添加效果如图3-15所示的标签组件。

```
<div class="container mt-3">
    <h2>Bootstrap 5 标签组件示例</h2>
    <span class="badge bg-primary me-3">标签1</span>
    <span class="badge bg-secondary me-3">标签2</span>
    <span class="badge bg-success me-3">标签3</span>
    <span class="badge bg-danger me-3">标签4</span>
    <span class="badge bg-warning me-3">标签5</span>
</div>
```

图3-15　网页中的标签效果

以上代码在<span>元素中使用.badge 类创建标签组件；使用.bg-primary、.bg-secondary、.bg-success、.bg-danger和.bg-warning 等类来创建不同配色的标签；使用.me-3 类在标签之间添加右边距，使得标签之间有间隔。

标签组件在网页设计中有多种作用，例如可以用来对内容进行分类和标记，使用户更容易识别和理解信息；或者通过色彩、形状和位置等视觉元素来吸引用户注意力，突出重要内容或功能，增强用户体验。

【示例3-10】制作一个博客页面，其中包含多篇文章，各篇文章使用标签组件来标记它们所属的类别，效果如图3-16所示。

```html
<div class="container mt-3">
  <h1>博客文章</h1>
  <div class="content-category">
    <h2>如何提升编程技能 <span class="badge bg-success">编程</span></h2>
    <p>这篇文章介绍了提升编程技能的五种方法。</p>
  </div>
  <div class="content-category">
    <h2>旅行指南：探索日本 <span class="badge bg-warning">旅行</span></h2>
    <p>本文为你提供详细的日本旅行攻略。</p>
  </div>
  <div class="content-category">
    <h2>健康饮食的秘诀 <span class="badge bg-danger">健康</span></h2>
    <p>了解如何通过健康饮食保持身体健康。</p>
  </div>
  <div class="content-category">
    <h2>最新科技趋势 <span class="badge bg-info">科技</span></h2>
    <p>掌握最新的科技趋势和发展动向。</p>
  </div>
</div>
```

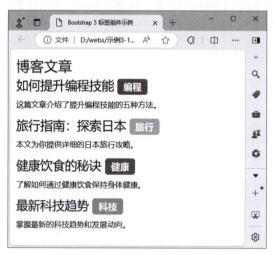

图3-16　在页面中应用标签组件

当使用Bootstrap中的标签组件时，可以通过添加自定义的CSS样式来调整标签的外观(用户可以通过本章素材文件查看相关代码示例)。

3.3.2　徽章

徽章与标签类似，用于突出显示页面上的新消息或未读消息，它的边角呈圆润状态。使用徽章时，只需要将<span class="badge">...</span>添加到链接、Bootstrap导航等元素中即可。在定义徽章时，使用背景色工具类和圆角工具类可以实现突出显示的效果。

【示例3-11】 在网页中应用徽章类，效果如图3-17所示。

```
<div class="container">
  <h1>徽章类示例</h1>
  <h2>新消息<span class="badge bg-primary">12</span></h2>
  <p>您有12条新消息需要查看。</p>
  <h2>未读邮件<span class="badge bg-info text-dark">5</span></h2>
  <p>您有5封未读邮件待处理。</p>
  <div class="badge-container"> <a href="#" class="btn btn-primary">通知<span class="badge bg-danger">8</span> <span class="visually-hidden">未读通知</span> </a>
    <button type="button" class="btn btn-danger">提醒<span class="badge bg-light text-dark">3</span> </button>
  </div>
</div>
```

图 3-17　徽章类的应用效果

以上代码中，应用了徽章类(.badge)来突出显示新消息数量或状态。徽章可以与文本、链接、按钮等元素结合使用，用于提醒用户特定信息。我们可以根据需要调整徽章的颜色(使用不同的背景色类)以及文本颜色，来定制符合网页设计需求的徽章样式。

3.4　导航系统

导航是网站中的重要元素，是访问者浏览网站的指引工具，也是网站所有者放置可寻找内容的手段。Bootstrap提供了多种导航功能，包括导航、导航条、下拉菜单、列表组和分页等。

3.4.1　导航和导航条

导航和导航条是构建网站或应用程序导航结构的常用工具。Bootstrap 的导航和导航条组件提供了丰富的样式选项，使开发者能够快速构建具有良好导航体验的网站或应用程序。导航和导航条组件不仅易于使用，而且具有很强的可定制性，开发者可以根据项目需求进行灵活的定制和扩展。

1. 导航

在 Bootstrap 中，导航组件被用于创建和管理网页导航菜单和链接的集合。

1) 创建导航

Bootstrap 提供了多种导航组件，通常基于列表设计。开发者需要通过在 ul 元素上应用.nav 类，在列表项 li 上应用.nav-item 类，在链接上应用 .nav-link 类，来定义导航的样式。

【示例3-12】使用.nav类创建效果如图3-18所示的导航。

```
<nav class="navbar navbar-expand-lg navbar-light bg-light">
    <div class="container">
        <ul class="nav">
            <li class="nav-item">
                <a class="nav-link" href="#">首页</a>
            </li>
            <li class="nav-item">
                <a class="nav-link" href="#">产品</a>
            </li>
            <li class="nav-item">
                <a class="nav-link" href="#">关于我们</a>
            </li>
            <li class="nav-item">
                <a class="nav-link" href="#">联系我们</a>
            </li>
        </ul>
    </div>
</nav>
```

图 3-18　使用 .nav 类创建的导航

默认情况下，导航是左对齐的，使用弹性布局.justify-content-center类可以设置导航居中对齐，使用.justify-content-end类可以设置导航右对齐；还可以使用.flex-column类设置导航垂直显示。

2) 创建两种不同样式的导航

要为导航设置不同的样式，在为ul元素添加.nav类后，再添加.nav-tabs类或.nav-fills类即可。其中，.nav-tabs类用于实现选项卡样式的导航，.nav-pills类用于实现胶囊样式的导航。

【**示例3-13**】以示例3-12创建的导航为基础，实现图3-19所示的两种不同样式的导航。

```
<nav class="navbar navbar-expand-lg navbar-light bg-light">
  <div class="container">
    <ul class="nav nav-tabs">
    ……
</nav>
<nav class="navbar navbar-expand-lg navbar-light bg-light mt-5">
  <div class="container">
    <ul class="nav nav-pills">
……
    <li class="nav-item">
      <a class="nav-link active" href="#">产品</a>
……
</nav>
```

图 3-19　不同样式的导航效果

3) 创建标签页

标签页允许用户在不同的内容区域之间切换，每个区域都通过一个选项卡标签进行控制。通过设置标签页的data属性，用户可以方便地创建标签页页面。

【**示例3-14**】创建如图3-20所示的标签页。

```
<body>
<div class="container mt-3">
  <!-- 导航项 -->
  <ul class="nav nav-pills" id="myTab" role="tablist">
    <li class="nav-item" role="presentation">
      <button class="nav-link active" id="home-tab" data-bs-toggle="tab" data-bs-target="#home" type="button" role="tab" aria-controls="home" aria-selected="true">首页</button>
    </li>
    <li class="nav-item" role="presentation">
      <button class="nav-link" id="profile-tab" data-bs-toggle="tab" data-bs-target="#profile" type="button" role="tab" aria-controls="profile" aria-selected="false">个人资料</button>
    </li>
    <li class="nav-item" role="presentation">
```

```
                <button class="nav-link" id="contact-tab" data-bs-toggle="tab" data-bs-target="#contact" type="button" role="tab" aria-controls="contact" aria-selected="false">联系方式</button>
            </li>
        </ul>
        <!-- 标签页内容 -->
        <div class="tab-conten">
            <div class="card-body">
                <div class="tab-content" id="myTabContent">
                    <div class="tab-pane" id="home" role="tabpanel" aria-labelledby="home-tab">
                        <p>首页标签页内容在这里。</p>
                    </div>
                    <div class="tab-pane fade" id="profile" role="tabpanel" aria-labelledby="profile-tab">
                        <p>个人资料标签页内容在这里。</p>
                    </div>
                    <div class="tab-pane fade" id="contact" role="tabpanel" aria-labelledby="contact-tab">
                        <p>联系方式标签页内容在这里。</p>
                    </div>
                </div>
            </div>
        </div>
</div>
```

图3-20　标签页效果

标签页由两部分组成，分别是标签页(导航)部分与标签页对应的内容部分。

- 标签页部分通常由列表实现。为ul元素或ol元素添加.nav类，再添加.nav-tabs或.nav-pills类，可以实现标签页的样式。列表项中的a元素需要加上data-bs-toggle="tab"触发器，并且链接属性href的值需要和相应内容部分的id值对应。
- 内容部分包含在代码<div class="tab-content">…</div>内部，由若干个div元素组成。除显示当前标签内容的div元素外，div元素都是隐藏的。每个标签的内容需要包含在<div class="tab-pane" id="tab1">…</div>内部，其中tab1是div元素的id值。必须为div元素设置一个id，用于与标签页的href属性值对应。

标签页中的链接也可以使用按钮实现，代码如下：

```
<ul class="nav nav-tabs" id="myTab" role="tablist">
    <li class="nav-item" role="presentation">
        <button class="nav-link active" data-bs-toggle="tab" data-bs-target="#home" type="button" >
```

```
    首页</button>
  </li>
  <li class="nav-item" role="presentation">
    <button class="nav-link" data-bs-toggle="tab" data-bs-target="#profile" type="button" >
个人资料</button>
  </li>
  <li class="nav-item" role="presentation">
    <button class="nav-link" data-bs-toggle="tab" data-bs-target="#contact" type="button" >
联系方式</button>
  </li>
</ul>
```

使用jQuery可以实现标签页之间的切换。除使用代码data-bs-toggle="tab"定义标签页的触发器外，Bootstrap 5允许直接使用jQuery代码实现同样的功能。以下是激活标签页的JavaScript代码，但需要注意，触发组件代码中的所有data-bs-toggle="tab"应当删除。

```
<script>
  $('#myTab a').click(function (e) {
    e.preventDefault();
    $(this).tab('show');
  });
</script>
```

2. 导航条

导航条(navbar)是Bootstrap 5中用于构建网站或应用顶部导航区域的组件。它不仅支持链接，还可以包含表单、按钮、文本等多种元素，为用户提供便捷的导航方式。

1) 创建基本导航条

在Bootstrap 5中创建基本导航条的步骤如下。

(1) 添加一个nav元素或div元素，使其成为导航条的容器。向导航条容器添加.navbar类和.navbar-expand{sm|md|lg|xl|xll}类，这样可以保证在设备宽度小于指定宽度时，隐藏导航条的内容，并在设备宽度大于或等于指定宽度时，导航条展开显示。

(2) 导航条内容的div元素使用.container类或.container-fluid类描述，用于设置导航条的宽度。

(3) 设置导航条的标题。在导航条内添加一个.navbar-brand类描述的a元素，作用是设置标题，突出显示内容。

(4) 设置导航条内容。外层容器使用.navbar-collapse类，该类用于设置弹性布局的一些属性。然后使用ul元素定义导航条，为其添加.navbar-nav类，为列表元素li添加.nav-item类，为其中的链接a元素添加.nav-link类，用于定义导航条内容的样式。

【示例3-15】创建效果如图3-21所示的基本导航条。

```
<body>
<nav class="navbar navbar-expand navbar-light bg-light">
```

```
    <div class="container-fluid">
      <a class="navbar-brand fs-4" href="#">品牌</a>
      <div class="navbar-collapse">
        <ul class="navbar-nav me-auto ">
          <li class="nav-item"><a class="nav-link" href="#">首页</a></li>
          <li class="nav-item"><a class="nav-link" href="#">功能</a></li>
          <li class="nav-item"><a class="nav-link" href="#">定价</a></li>
        </ul>
        <ul class="navbar-nav">
          <li class="nav-item"><a class="nav-link" href="#">登录</a></li>
          <li class="nav-item"><a class="nav-link" href="#">注册</a></li>
        </ul>
      </div>
    </div>
  </nav>
```

图3-21 基本导航条效果

2)创建响应式导航条

当浏览器窗口或视口缩小到一定宽度时,基本导航条就会被折叠。此时,在示例3-15的基础上创建响应式导航条就可以解决这一问题。创建响应式导航条的要点如下。

(1)要实现导航条的折叠或隐藏,需要在导航条内添加一个用.navbar-toggler类描述的button元素。并且button元素中使用<span class="navbar-toggler-icon"></span>描述折叠按钮的样式。

(2)创建响应式导航按钮,代码如下:

```
<button class="navbar-toggler" type="button" data-bs-toggle="collapse" data-bs-target="#navbarNav">
  <span class="navbar-toggler-icon"></span>
</button>
```

(3) button元素的data-bs-toggle属性用于指定按钮触发器,data-bs-target属性用于指定触发的响应目标,这个目标是导航条的内容。

【示例3-16】创建效果如图3-22所示的响应式导航条。

```
<body>
  <nav class="navbar navbar-expand-md navbar-light bg-light">
    <div class="container-fluid">
      <a class="navbar-brand fs-4" href="#">品牌</a>
      <button class="navbar-toggler" type="button" data-bs-toggle="collapse"
```

```
    data-bs-target="#navbarNav" aria-controls="navbarNav" aria-expanded="false"
    aria-label="Toggle navigation">
      <span class="navbar-toggler-icon"></span>
    </button>
    <div class="collapse navbar-collapse" id="navbarNav" >
      <ul class="navbar-nav me-auto">
        ……
```

在示例3-16中，折叠导航条的id值为navbarNav。为button元素添加代码data-bs-target="#navbarNav"，表示按钮控制的是id值为navbarNav的div元素。单击该导航按钮，即可显示导航条内容。

3) 在导航条中添加表单

在Bootstrap的导航条中添加表单通常是为了实现搜索功能、登录表单或创建其他任何需要快速访问的表单元素，如图3-23所示。

图 3-22　响应式导航条效果

图 3-23　导航栏中添加表单的效果

以下是一个在Bootstrap 5中向导航条添加搜索表单的例子：

```
<nav class="navbar navbar-expand-lg navbar-light bg-light">
  <div class="container-fluid">
    <a class="navbar-brand" href="#">导航栏</a>
    <button class="navbar-toggler" type="button" data-bs-toggle="collapse" data-bs-target="#navbarNav" aria-controls="navbarNav" aria-expanded="false" aria-label="切换导航">
      <span class="navbar-toggler-icon"></span>
    </button>
    <div class="collapse navbar-collapse" id="navbarNav">
      <ul class="navbar-nav">
        <li class="nav-item"><a class="nav-link active" aria-current="page" href="#">首页</a></li>
      </ul>
      <!-- 搜索表单 -->
      <form class="d-flex">
        <input class="form-control me-2" type="search" placeholder="搜索" aria-label="搜索">
        <button class="btn btn-outline-success" type="submit">搜索</button>
      </form>
    </div>
```

```
    </div>
  </nav>
```

3.4.2 下拉菜单

下拉菜单在网页设计中很常见，特别是在需要节省空间或提供额外导航选项的网页中。Bootstrap 的下拉菜单(dropdown)组件非常灵活且强大，它允许用户通过单击某个按钮或链接来显示一个包含多个选项的列表。这些选项可以是链接、按钮、表单或其他任何可单击的元素。

1. 创建下拉菜单

下拉菜单是一种动态组件，若要实现与用户的交互效果，需要导入 Bootstrap 5 的 bootstrap.bundle.js 文件。

【示例3-17】创建一个效果如图3-24所示的下拉菜单。

```
<body class="container">
  <div class="dropdown">
    <button type="button" class="btn btn-primary dropdown-toggle" data-bs-toggle="dropdown">
      Bootstrap组件
    </button>
    <ul class="dropdown-menu">
      <li><a class="dropdown-item" href="#">按钮组</a></li>
      <li><a class="dropdown-item" href="#">下拉菜单</a></li>
      <li><a class="dropdown-item" href="#">导航</a></li>
      <li><a class="dropdown-item" href="#">页眉</a></li>
    </ul>
  </div>
  <!-- 引入Bootstrap 5 JS 和 Popper.js 文件 -->
  <script src="bootstrap-5.3.0-alpha1-dist/js/bootstrap.bundle.min.js"></script>
</body>
```

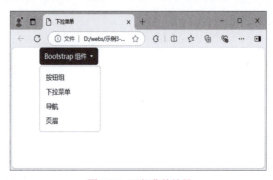

图 3-24 下拉菜单效果

2. 下拉菜单的结构

按钮和菜单项都包含在代码的<div class="dropdown">元素中。要实现下拉菜单的功能，必须为按钮或链接添加 .dropdown-toggle 类，并添加 data-bs-toggle="dropdown" 属性作为触发器。

菜单项通常放置在无序列表中，列表元素需要添加.dropdown-menu类，以使菜单项显示为下拉菜单的样式。同时，菜单项中的链接需要应用.dropdown-item类，该类用于定义每个菜单项的样式。

此外，官方示例代码中还添加了 role 属性。虽然这些属性并非必需，但在实际应用中使用 role 属性可以提升网页的可访问性，让使用辅助技术的用户能够更好地理解页面结构。

3. 菜单弹出的方向

为菜单的外层<div>元素添加.dropup类，可以使菜单向上弹出。类似地，应用.dropstart类和.dropend类，可以分别实现菜单向左或向右弹出。开发者通过使用这些类，可以灵活地控制菜单的弹出方向。

【示例3-18】创建一个向上弹出的菜单，效果如图3-25所示。

```html
<body class="container">
  <div style="margin-top: 160px"></div>
  <div class="dropup">
    <button type="button" class="btn btn-primary dropdown-toggle" data-bs-toggle="dropdown">
      Bootstrap 组件
    </button>
    <ul class="dropdown-menu">
      <li><a class="dropdown-item" href="#">按钮组</a></li>
      <li><a class="dropdown-item" href="#">下拉菜单</a></li>
      <li><a class="dropdown-item" href="#">导航</a></li>
      <li><a class="dropdown-item" href="#">页眉</a></li>
    </ul>
  </div>
  <script src="./bootstrap-5.1.3-dist/js/bootstrap.bundle.js"></script>
</body>
```

图3-25　向上弹出的菜单

在按钮组中嵌入菜单是页面设计中常用的一种形式。

【示例3-19】创建嵌入按钮组内的菜单。

通过在一个按钮组内嵌套另一个按钮组(即在一个.btn-group类内嵌套另一个.btn-group类)，实现嵌入式按钮组。这使得按钮组可以包含下拉菜单，从而同时具备下拉菜单和按钮的功能。效果如图3-26所示。

```html
<body>
  <div class="container mt-3">
    <div class="btn-group">
      <button type="button" class="btn btn-info">登录</button>
      <button type="button" class="btn btn-warning">注册</button>
      <div class="btn-group">
        <button type="button" class="btn btn-primary dropdown-toggle" data-bs-toggle="dropdown">帮助</button>
        <ul class="dropdown-menu">
          <li><a class="dropdown-item" href="#">关于</a></li>
          <li><a class="dropdown-item" href="#">联系管理员</a></li>
        </ul>
      </div>
    </div>
  </div>
  <script src="bootstrap-5.3.0-alpha1-dist/js/bootstrap.bundle.min.js"></script>
</body>
```

图3-26 嵌套按钮组

示例3-19中嵌套的下拉菜单代码为：

`<div class="btn-group">...</div>`

可以使用以下代码替代：

`<div class="dropdown">...</div>`

也可以使用以下代码替代：

`<span class="dropdown">...</span>`

4. 下拉菜单的样式类

使用分隔符将菜单项进行分组是比较常见的做法,可以通过.dropdown-divider类来实现,代码示例如下:

```
<li><hr class="dropdown-divider"></li>
```

如果将.active类添加到菜单项上,可以将其设置为激活状态;将.disabled类添加到菜单项上,可以将其设置为禁用状态。

除了菜单项,下拉菜单还可以包含标题、文本、表单等其他内容,这些内容不需要使用.dropdown-item类进行描述。

【示例3-20】在按钮组中的下拉菜单中添加文本和表单,并应用不同的样式类,效果如图3-27所示。

```
<body class="container">
  <div class="btn-group">
    <div class="btn-group">
      <a type="button" class="btn btn-primary">用户管理</a>
      <button type="button" class="btn btn-warning dropdown-toggle dropdown-toggle-split" data-bs-toggle="dropdown"></button>
      <ul class="dropdown-menu">
        <li><a class="dropdown-item" href="#">登录</a></li>
        <li><a class="dropdown-item" href="#">注册</a></li>
        <li><hr class="dropdown-divider"></li>
        <li><a class="dropdown-item" href="#">注销</a></li>
      </ul>
    </div>
    <div class="btn-group">
      <a type="button" class="btn btn-primary dropdown-toggle" data-bs-toggle="dropdown">帮助功能</a>
      <ul class="dropdown-menu">
        <h4 class="dropdown-header">系统使用说明</h4>
        <li><a class="dropdown-item" href="#">关于</a></li>
        <p class="mx-3 text-secondary">将自动打开客户端软件</p>
        <li><a class="dropdown-item" href="#">发送邮件给管理员</a></li>
        <form action="#" class="mx-3">
          <input type="text" class="form-control mb-2" placeholder="用户名">
          <input type="password" class="form-control mb-2" placeholder="密码">
          <input type="submit" class="btn btn-primary" value="提交">
        </form>
      </ul>
    </div>
  </div>
  <script src="bootstrap-5.3.0-alpha1-dist/js/bootstrap.bundle.min.js"></script>
</body>
```

图3-27 下拉菜单中的文字和表单

3.4.3 列表组

列表组(list group)是一种强大的组件，用于以结构化的列表形式呈现复杂或自定义的内容。它不仅能有效地组织信息，还能提升用户体验，使用户更容易浏览和理解内容。

列表组可以包含一系列项目，每个项目可以包含文本、链接、图像、按钮等多种元素。通过使用不同的样式和布局，列表组可以适应各种不同的设计需求，无论是简单的列表还是复杂的多功能显示。

1. 创建列表组

创建列表组的步骤如下。

(1) 为ul、ol、div等容器元素添加.list-group类，以创建列表组。

(2) 为列表项添加.list-group-item类，以设置每个列表项的样式。

【示例3-21】使用ul和li元素创建列表组，效果如图3-28所示。

```
<body>
 <ul class="list-group m-2">
  <li class="list-group-item">
   <h4>导航栏</h4>
   <p>用于网站或应用的导航，支持标签式和药丸式导航。</p>
  </li>
  <li class="list-group-item ">
   <h4>按钮集合</h4>
   <p>将多个按钮组合，实现单选或复选功能。</p>
  </li>
  <li class="list-group-item active ">
   <h4>输入扩展</h4>
   <p>在输入框前后添加文本或按钮，增强用户体验。</p>
  </li>
  <li class="list-group-item">
   <h4>数据列表</h4>
   <p>灵活展示数据，支持简单和复杂的自定义内容。</p>
  </li>
```

```
    </ul>
  </body>
```

图 3-28　创建列表组

列表组不仅可以使用ul元素创建，还可以使用div元素和a元素来创建，代码如下(其页面效果与图3-28相同)：

```
<div class="list-group m-2">
  <a class="list-group-item" href="#">
    <h4>导航栏</h4>
    <p>用于网站或应用的导航，支持标签式和药丸式导航。</p>
  </a>
  <a class="list-group-item active" href="#">
    <h4>按钮集合</h4>
    <p>将多个按钮组合，实现单选或复选功能。</p>
  </a>
  <a class="list-group-item" href="#">
    <h4>输入扩展</h4>
    <p>在输入框前后添加文本或按钮，增强用户体验。</p>
  </a>
  <a class="list-group-item" href="#">
    <h4>数据列表</h4>
    <p>灵活展示数据，支持简单和复杂的自定义内容。</p>
  </a>
</div>
```

2. 控制列表组的样式

Bootstrap 5为列表组设计了多种样式类，用户可以根据不同的使用场景选择相应的样式。常用的样式类如下。

○ 定义列表项颜色的.list-group-item-primary类、.list-group-item-secondary 类等。
○ 使用 .active 类来激活列表项，使用 .disabled 类来禁用列表项。

- 使用 .badge 类在列表项中添加徽章。
- 使用 .list-group-flush 类去除列表项的边框和圆角，该类需要应用在外层容器上。

【示例3-22】在网页中应用列表组样式类，效果如图3-29所示。

```
<body class="container">
  <div class="list-group list-group-flush m-2">
    <a class="list-group-item list-group-item-success">
      <h4>导航栏</h4>
      <p>用于网站或应用的导航，支持标签式和药丸式导航。</p>
    </a>
    <a class="list-group-item">
      <h4>按钮集合</h4>
      <p>将多个按钮组合，实现单选或复选功能。</p>
    </a>
    <a class="list-group-item active">
      <h4>输入扩展</h4>
      <p>在输入框前后添加文本或按钮，增强用户体验。</p>
    </a>
    <a class="list-group-item disabled">
      <h4>数据列表</h4>
      <p>灵活展示数据，支持简单和复杂的自定义内容。</p>
    </a>
  </div>
</body>
```

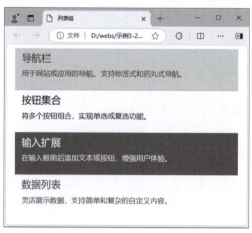

图3-29　设置列表组样式

3.4.4　分页

分页(pagination)是一种无序列表，Bootstrap 5 处理分页的方式与处理其他页面元素类似。通过.pagination类可以实现简洁美观的分页样式，还可以使用.pagination-lg 类或.pagination-sm 类来调整分页组件的大小。

【示例3-23】在网页中应用分页样式类，效果如图3-30所示。

```html
<body>
  <div class="container mt-2">
    <h4 class="my-4">默认对齐(正常按钮)</h4>
    <ul class="pagination">
      <li class="page-item"><a class="page-link" href="#">&laquo;</a></li>
      <li class="page-item"><a class="page-link" href="#">第1页</a></li>
      <li class="page-item"><a class="page-link" href="#">第2页</a></li>
      <li class="page-item"><a class="page-link" href="#">第3页</a></li>
      <li class="page-item"><a class="page-link" href="#">第4页</a></li>
      <li class="page-item"><a class="page-link" href="#">&raquo;</a></li>
    </ul>
    <h4 class="my-4">靠右对齐(较小按钮)</h4>
    <ul class="pagination pagination-sm justify-content-end">
      <li class="page-item"><a class="page-link" href="#">&laquo;</a></li>
      <li class="page-item"><a class="page-link" href="#">第1页</a></li>
      <li class="page-item"><a class="page-link" href="#">第2页</a></li>
      <li class="page-item"><a class="page-link" href="#">第3页</a></li>
      <li class="page-item"><a class="page-link" href="#">第4页</a></li>
      <li class="page-item"><a class="page-link" href="#">&raquo;</a></li>
    </ul>
  </div>
</body>
```

图3-30　分页效果

3.5　进度条

进度条(progress bar)是一种用于显示任务进度或流程完成状态的组件。Bootstrap仅提供进度条的样式控制功能，动态进度条的速度控制需要使用服务器端程序来实现。创建进度条的步骤如下。

(1) 添加一个带有.progress类的div元素。

(2) 在该div元素内添加一个带有.progress-bar类的空的div元素，并控制该层div元素的宽度百分比。

【**示例3-24**】在网页中创建进度条，效果如图3-31所示。

```html
<body>
  <div class="container">
    <div class="progress my-3">
      <div class="progress-bar bg-primary" style="width: 80%;">
        <span>80% 进度完成 (主要)</span>
      </div>
    </div>
    <div class="progress my-3">
      <div class="progress-bar bg-success progress-bar-striped" style="width: 45%;">
        <span>45% 进度完成 </span>
      </div>
    </div>
    <div class="progress my-3">
      <div class="progress-bar bg-info progress-bar-striped w-25">
        <span>25% 进度完成</span>
      </div>
    </div>
    <div class="progress" style="height: 50px;">
      <div class="progress-bar progress-bar-striped active w-50">
        <span class="sr-only">25% 完成，设置进度条高度为 50px</span>
      </div>
    </div>
  </div>
</body>
```

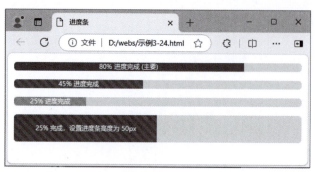

图 3-31 进度条效果

3.6 卡片和旋转器

Bootstrap的卡片(card)组件提供了一种简洁而灵活的方式来呈现内容，通常用于展示信息块或用户界面元素。旋转器(spinner)组件用于在加载内容或操作时显示加载指示器。该组件提供了多种样式和大小，适用于不同的加载场景。

3.6.1 卡片

Bootstrap 5 的卡片组件是一种灵活且可扩展的内容容器，提供了多种可自定义的选项。通过使用卡片组件，用户可以使用简洁的标记和样式，轻松实现内容的对齐，并能够与其他 Bootstrap 5 组件无缝结合。Bootstrap 3 中的 panel、thumbnail 和 well 等组件，在 Bootstrap 5 中被卡片组件取代，类似的功能都可以通过卡片组件来实现。

1. 创建卡片

一个完整的卡片组件通常包括页眉、页脚、图片、主体和列表组等部分。卡片中的图片位于页眉下方，宽度与卡片组件相同。卡片的主体部分可以包含标题和文本内容。

【示例3-25】在网页中创建卡片，效果如图3-32所示。

图 3-32 卡片效果

```
<body>
  <div class="container mt-2">
    <div class="card" style="width: 20rem;">
      <div class="card-header">
        卡片头部
      </div>
      <img src="images/photo04.png" class="card-img-top" alt="...">
      <div class="card-body">
        <h5 class="card-title">卡片标题</h5>
        <h6 class="card-subtitle mb-2 text-muted">卡片副标题</h6>
        <p class="card-text">这是一段示例文本，用于介绍卡片标题并构成卡片内容的主体。</p>
        <a href="#" class="card-link">卡片链接 1</a>
        <a href="#" class="card-link">卡片链接 2</a>
      </div>
      <ul class="list-group list-group-flush">
        <li class="list-group-item">列表项 1</li>
        <li class="list-group-item">列表项 2</li>
      </ul>
      <div class="card-footer text-muted">
        卡片底部
      </div>
    </div>
  </div>
</body>
```

在示例3-25的卡片组件中，主要使用了以下类。

- .card 类：充当卡片的容器，采用弹性布局，默认宽度为100%，并设置了背景颜色、边框和圆角等属性。

- .card-header 类和 .card-footer 类：用于设置卡片的页眉和页脚样式，包括边框、背景颜色、外边距及内边距等属性。
- .card-img、.card-img-top 和 .card-img-bottom 类：用于设置卡片中图片的宽度为100%，并调整图片在卡片顶部和底部的圆角。
- .card-body 类：用于创建卡片的主体内容，应用弹性布局和内边距属性。
- .card-title 类和 .card-subtitle 类：用于为卡片添加标题和副标题，重点设置上下外边距属性。
- .card-text 类和 .card-link 类：用于调整卡片中文本和链接的外边距属性。

2. 卡片的组成元素

在创建卡片组件时，很多情况下并不需要使用完整的卡片结构，可以只使用卡片的一个或几个元素。下面通过示例来说明卡片的组成元素。

【示例3-26】 设计卡片的页眉和页脚，效果如图3-33所示。

```html
<body>
  <div class="container mt-2">
    <div class="card" style="width: 22rem;">
      <div class="card-header">
        Bootstrap 5
      </div>
      <div class="card-body text-center">
        <h5 class="card-title">卡片组件</h5>
        <p class="card-text">
          卡片提供了灵活的、可扩展的容器，尽可能地少用标记和样式，方便对齐，并与其他Bootstrap组件混合使用
        </p>
        <a href="#" class="btn btn-primary">开始学习</a>
      </div>
      <div class="card-footer text-muted text-end">
        前端开发
      </div>
    </div>
  </div>
</body>
```

图3-33 卡片的页眉和页脚效果

在示例3-26中，将页眉、主体、页脚等元素插入了一个卡片中，并使用了.text-center、.text-muted等格式控制类，实现了类似Bootstrap 3中面板(panel)组件的功能。除了这些类，还可以使用.bg-primary、.bg-success、.bg-info等类来设置卡片的背景颜色。

.card-img、.card-img-top 和 .card-img-bottom 类用于将卡片中的图片宽度设置为100%并应用圆角效果。这三个类的典型应用场景包括将图片作为卡片的背景，或使用栅格布局来控制图片在卡片中的显示位置。

【示例3-27】将卡片中的图片设置为背景，效果如图3-34所示。

```
<body>
  <div class="container mt-5">
    <div class="card bg-info text-white m-auto" style="width: 22rem;">
      <div class="card-body">
        <img src="images/photo04.png" class="card-img" alt="...">
        <div class="card-img-overlay p-4">
          <h4>图片背景</h4>
          <p class="card-text mt-3 fs-7">
             要将图片设置为背景，可以使用.card-img类，并利用.card-img-overlay类来创建一个包含文本描述的容器
          </p>
        </div>
      </div>
    </div>
  </div>
```

图3-34　卡片背景效果

要将图片设置为卡片的背景，需要在图片上应用.card-img类，并在 div 元素上使用.card-img-overlay类来创建包含文本的容器。通过使用栅格布局和一些工具类，可以使卡片中的图片和文本水平排列，实现响应式页面的效果。

【示例3-28】使用栅格系统控制卡片布局，效果如图3-35所示。

```
<body>
  <div class="container mt-2">
    <div class="card" style="width: 24rem;">
      <div class="row g-0">
        <div class="col-sm-5">
```

```
            <img src="images/ank01.png" class="img-fluid" alt="...">
          </div>
          <div class="col-sm-7">
            <div class="card-body">
              <h4>文字说明</h4>
              <p class="card-text">
                <small class="text-muted fs-6">
                   通过运用栅格系统和工具类,可以实现卡片内图片与文本的水平对齐,并且使布局具有响应式特性
                </small>
              </p>
            </div>
          </div>
        </div>
      </div>
    </div>
  </body>
```

图3-35　使用栅格系统控制卡片布局

在示例3-28中,使用了.g-0 类移除栅格间隙,并通过.col-sm-5和.col-sm-7类来确保卡片在小型(sm)及以上设备中呈现水平分布的效果。

3. 利用卡片实现缩略图

缩略图是Bootstrap 3中的一个组件,主要用于实现图文混排的功能。缩略图组件的典型应用场景是在一行中展示多张图片,并在图片下方显示标题、描述和按钮等内容。在Bootstrap 5 中,可以通过卡片组件和栅格布局来实现缩略图功能。

【示例3-29】在网页中用卡片组件创建缩略图,效果如图3-36所示。

```
<body>
  <div class="container mt-2">
    <div class="card">
      <div class="card-body">
        <div class="row g-1">
          <div class="col">
            <img src="images/ank01.png" class="img-thumbnail" alt="客厅设计示例">
            <div class="fs-6">
              <h5>客厅设计</h5>
              <p><a href="#" class="text-decoration-none">宽敞明亮的客厅设计,创造舒适且功能
```

```
性强的居住空间</a></p>
                    </div>
                </div>
                <div class="col">
                    <img src="images/ank02.png" class="img-thumbnail" alt="阳台设计示例">
                    <div class="fs-6">
                        <h5>阳台设计</h5>
                        <p><a href="#" class="text-decoration-none">将阳台打造成自然与休闲的结合体，绿植环绕，舒适座椅</a></p>
                    </div>
                </div>
                <div class="col">
                    <img src="images/ank03.png" class="img-thumbnail" alt="卧室设计示例">
                    <div class="fs-6">
                        <h5>卧室设计</h5>
                        <p><a href="#" class="text-decoration-none">温馨舒适的卧室设计，注重色彩搭配与光线的运用</a></p>
                    </div>
                </div>
            </div>
        </div>
    </div>
</body>
```

图 3-36 用卡片创建缩略图

在使用Bootstrap 5创建缩略图时，可以在卡片组件内部结合栅格布局来实现优雅的设计。首先，用.card-body类描述卡片的主体内容，并通过.col类将卡片划分为三等分。在每个容器中，添加一张带有.img-thumbnail类的图片，以实现缩略图效果。此外，可以在div元素中添加诸如标题和段落等内容，从而提供丰富的信息展示。

3.6.2 旋转器

旋转特效类(spinner-border)是 Bootstrap 5 中用于指示控件或页面加载状态的纯CSS解决方案。由于它们完全由HTML和CSS构建，因此无须使用任何JavaScript代码即可创建。

然而，为了管理其可见性，可能需要一些自定义的JavaScript。通过 Bootstrap 的实用工具类，这些旋转特效的外观、对齐方式和大小都可以轻松调整和定制。

1. 定义旋转器

在Bootstrap 5中，使用spinner-border类来定义一个旋转器。一个简单的示例如下：

```
<div class="spinner-border" role="status">
  <span class="visually-hidden">Loading...</span>
</div>
```

在这个示例中，spinner-border类定义了旋转器的样式，而visually-hidden类用于为辅助技术(如屏幕阅读器)提供加载状态的文本描述。

如果不喜欢旋转特效，可以切换为"渐变缩放"效果，这是一种逐渐放大的冒泡动画效果，该效果使用 spinner-grow 类来定义。在浏览器中运行时，动画呈现从小到大的缩放效果。

2. 设计旋转器颜色

旋转特效控件和渐变缩放效果基于CSS的currentColor属性，颜色通过继承border-color属性来实现。用户可以在标准旋转器上使用文本颜色类来定义颜色。

【示例3-30】为旋转器设置颜色，效果如图3-37所示。

```
<body class="container">
    <h3 class="mb-4">旋转器颜色</h3>
    <div class="spinner-border text-primary"></div>
    <div class="spinner-border text-secondary"></div>
    <div class="spinner-border text-success"></div>
    <div class="spinner-border text-danger"></div>
    <div class="spinner-border text-warning"></div>
    <div class="spinner-border text-info"></div>
    <div class="spinner-border text-light"></div>
    <div class="spinner-border text-dark"></div>
    <h3 class="my-4">渐变缩放颜色</h3>
    <div class="spinner-grow text-primary"></div>
    <div class="spinner-grow text-secondary"></div>
    <div class="spinner-grow text-success"></div>
    <div class="spinner-grow text-danger"></div>
    <div class="spinner-grow text-warning"></div>
    <div class="spinner-grow text-info"></div>
    <div class="spinner-grow text-light"></div>
    <div class="spinner-grow text-dark"></div>
</body>
```

可以使用Bootstrap的外边距类来设置旋转器的边距。例如，将其设置为.m-5，可以增加更大的外边距：

```
<div class="spinner-border m-5"></div>
```

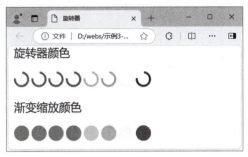

图 3-37　不同颜色的旋转器效果

3. 设置旋转器大小

可以通过添加.spinner-border-sm和.spinner-grow-sm类来创建较小的旋转器。除此之外，还可以根据需要自定义 CSS 样式来调整旋转器的大小。

【示例3-31】设置旋转器大小，效果如图3-38所示。

```
<body class="container">
    <h3 class="mb-4">设置旋转器的大小</h3>
    <div class="spinner-border spinner-border-sm"></div>
    <div class="spinner-grow spinner-grow-sm ml-5"></div>
    <hr/>
    <h2 class="mb-3">自定义旋转器的大小</h2>
    <div class="spinner-border" style="width: 3rem; height: 3rem;"></div>
    <div class="spinner-grow ml-5" style="width: 3rem; height: 3rem;"></div>
</body>
```

图 3-38　旋转器大小效果

4. 设置对齐旋转器

可以使用Flexbox实用程序、Float 实用程序或文本对齐实用程序，将旋转器精确地放置在所需的位置。下面将通过示例进行具体介绍。

【示例3-32】通过Flexbox设置旋转器水平对齐，效果如图3-39所示。

```
<body class="container">
    <h3 class="mb-4">居中对齐</h3>
```

```
<div class="d-flex justify-content-center">
    <div class="spinner-border"></div>
</div>
<hr>
    <h3 class="my-4">靠右对齐</h3>
<div class="d-flex justify-content-end align-items-center">
    <div class="spinner-border"></div>
</div>
</body>
```

图3-39 通过 Flexbox 设置水平对齐

【示例3-33】使用Float(浮动)设置旋转器右对齐。

```
<body class="container">
    <h3 class="mb-4">右对齐</h3>
    <div class="clearfix w-100">
        <div class="spinner-border float-end"></div>
    </div>
</body>
```

【示例3-34】使用文本类设置旋转器的位置。

```
<body class="container">
    <h3 class="mb-4">居中对齐</h3>
    <div class="text-center">
        <div class="spinner-border"></div>
    </div>
    <hr>
    <h3 class="mb-4">居右对齐</h3>
    <div class="text-end">
        <div class="spinner-border"></div>
    </div>
</body>
```

5. 按钮旋转器

在按钮中使用旋转器可以指示当前正在处理或进行中的操作。用户可以根据需要在按钮中替换文本以显示操作状态。

【示例3-35】在网页中设计按钮旋转器，效果如图3-40所示。

```html
<body class="container">
    <h3 class="mb-4">按钮旋转器</h3>
    <button class="btn btn-danger" type="button" disabled>
        <span class="spinner-border spinner-border-sm" role="status" aria-hidden="true"></span>
    </button>
    <button class="btn btn-danger" type="button" disabled>
        <span class="spinner-border spinner-border-sm" role="status" aria-hidden="true"></span>
        Loading...
    </button>
    <hr>
    <button class="btn btn-success" type="button" disabled>
        <span class="spinner-grow spinner-grow-sm" role="status" aria-hidden="true"></span>
    </button>
    <button class="btn btn-success" type="button" disabled>
        <span class="spinner-grow spinner-grow-sm" role="status" aria-hidden="true"></span>
        Loading...
    </button>
</body>
```

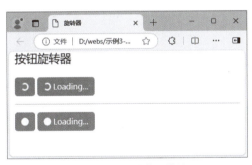

图3-40　按钮旋转器效果

3.7　模态窗口

模态窗口主要用于显示用户与页面交互的内容，典型的应用场景包括登录注册、操作提示、用户说明等。在用户操作完模态窗口后，可以轻松返回调用页面，而无须跳转到其他页面，从而减少页面间交互带来的延迟。

模态窗口通过Bootstrap 5的脚本文件modal.js实现。此外，也可以利用Bootstrap 5的bootstrap.bundle.js文件来实现模态窗口的动态效果。

【示例3-36】创建模态窗口，单击"显示"按钮以激活模态窗口，效果如图3-41所示。

```html
<body class="container">
    <button type="button" class="btn btn-success" data-bs-toggle="modal" id="btn1" data-bs-target="#myModal">显示</button>
    <!-- Modal -->
    <div class="modal fade" id="myModal" tabindex="-1" aria-labelledby="modalLabel" aria-hidden="true">
        <div class="modal-dialog">
            <div class="modal-content">
                <div class="modal-header">
                    <h5 class="modal-title" id="modalLabel">模态窗口标题</h5>
                    <button type="button" class="btn-close" data-bs-dismiss="modal" aria-label="Close"></button>
                </div>
                <div class="modal-body">
                    模态窗口经过了优化，更加灵活，以弹出窗口的形式出现，实现最简化和最实用的功能集。
                </div>
                <div class="modal-footer">
                    <button type="button" class="btn btn-secondary" data-bs-dismiss="modal">确认</button>
                </div>
            </div>
        </div>
    </div>
    <script src="bootstrap-5.3.0-alpha1-dist/js/bootstrap.bundle.min.js"></script>
</body>
```

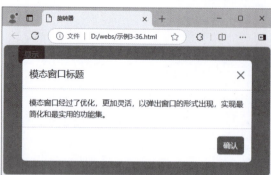

图 3-41　模态窗口

模态窗口的结构可以分为以下三层。

- 第一层：<div class="modal fade" id="myModal">...</div>，其中 class="modal fade" 用于定义模态窗口，id 属性的值与触发按钮的 data-bs-target 属性值相对应。fade 类用于实现模态窗口的淡入淡出效果。用户还可以根据需要添加其他属性。
- 第二层：<div class="modal-dialog">...</div>，用于设置模态窗口的显示属性。

- 第三层：<div class="modal-content">...</div>，用于定义模态窗口的具体内容。通常使用三个 <div> 元素来分别表示 modal-header、modal-body 和 modal-footer，并在其中放入相关内容。

需要注意的是，不能在一个模态窗口上叠加另一个模态窗口。

若要调用模态窗口，需在触发按钮或链接上添加两个 data 属性。data-bs-toggle="modal" 用于指定触发器，data-bs-target="#myModal" 或 href="#myModal" 用于指定要调用的模态窗口，其中 #myModal 是模态窗口的 id 值。

除使用 data 属性来调用模态窗口外，还可以使用 JavaScript 来启动模态窗口，代码如下：

```
<script>
$(document).ready(function() {
  $("#btn1").click(function(){
    $("#myModal").modal('show');
  });
});
</script>
```

需要注意的是，使用 JavaScript 启动模态窗口时，触发组件中的 data-bs-target="#myModal"代码需要删除，并且需要引入 jQuery 框架。

3.8 提示组件

提示组件用于在页面中显示不同形式的提示信息，Bootstrap 5 提供了工具提示框、弹出提示框、警告框等各种形式的提示组件。

3.8.1 工具提示框

工具提示框(tooltip)用于为图标、链接或按钮等元素提供信息说明，比如给出缩写词的全称或附加提示。当鼠标悬停在带有工具提示的元素上时，会自动显示预定义的提示信息，帮助用户了解这些元素的用途。

【示例3-37】创建工具提示框，效果如图3-42所示。

```
<body>
  <div class="container px-5 py-5">
    <button type="button" class="btn btn-secondary" data-bs-toggle="tooltip" data-bs-placement="top" title="顶部提示">
      顶部提示
    </button>
    <button type="button" class="btn btn-primary" data-bs-toggle="tooltip" data-bs-placement="right" title="右侧提示">
      右侧提示
    </button>
    <a href="#" class="btn btn-secondary" data-bs-toggle="tooltip" data-bs-placement="bottom" title="底部链接提示">
```

```
      底部提示
    </a>
    <a href="#" class="btn btn-primary" data-bs-toggle="tooltip" data-bs-placement="left" title="左侧链接提示">
      左侧提示
    </a>
  </div>
  <!-- 移除 jQuery，使用原生 Bootstrap JS -->
  <script src="bootstrap-5.3.0-alpha1-dist/js/bootstrap.bundle.min.js"></script>
  <script>
    // 使用原生 JavaScript 初始化工具提示
    document.addEventListener('DOMContentLoaded', function () {
      var tooltipTriggerList = [].slice.call(document.querySelectorAll('[data-bs-toggle="tooltip"]'))
      var tooltipList = tooltipTriggerList.map(function (tooltipTriggerEl) {
        return new bootstrap.Tooltip(tooltipTriggerEl)
      });
    });
  </script>
</body>
```

图 3-42　工具提示框效果

在以上代码中，data-bs-toggle="tooltip"是工具提示框的触发器，title属性用于显示提示文字，data-bs-placement属性则指定提示文字出现的位置。需要注意的是，为了使工具提示框生效，必须引入 jQuery 框架，并添加 JavaScript 代码以手动初始化工具提示功能。

3.8.2　弹出提示框

弹出提示框(popover)与工具提示框非常相似，用于为按钮、链接等元素添加标题及详细信息，以提示或告知用户。工具提示框通常由鼠标指针的悬停动作触发，主要用于显示简单的提示信息；而弹出提示框则通过单击触发，一般用于显示更多详细的内容。

【示例3-38】创建弹出提示框，效果如图3-43所示。

```
<body>
  <div class="container" style="padding-top: 80px;">
    <button
      type="button"
      class="btn btn-secondary"
      data-bs-toggle="popover"
      data-bs-trigger="hover focus"
```

```html
      data-bs-placement="left"
      data-bs-content="左侧的弹出框">
      左侧弹出框
    </button>
    <button
      type="button"
      class="btn btn-info"
      data-bs-toggle="popover"
      data-bs-trigger="hover focus"
      data-bs-placement="top"
      data-bs-content="顶部的弹出框">
      顶部弹出框
    </button>
    <button
      type="button"
      class="btn btn-warning"
      data-bs-toggle="popover"
      data-bs-placement="bottom"
      title="弹出框标题"
      data-bs-content="底部的弹出框">
      底部弹出框
    </button>
    <button
      type="button"
      class="btn btn-success"
      data-bs-toggle="popover"
      data-bs-placement="right"
      title="弹出框标题"
      data-bs-content="右侧的弹出框">
      右侧弹出框
    </button>
  </div>
  <!-- 引入 Bootstrap JavaScript -->
  <script src="bootstrap-5.3.0-alpha1-dist/js/bootstrap.bundle.min.js"></script>
  <script>
    // 初始化工具提示框
    document.addEventListener('DOMContentLoaded', function () {
      var popoverTriggerList = [].slice.call(document.querySelectorAll('[data-bs-toggle="popover"]'));
      var popoverList = popoverTriggerList.map(function (popoverTriggerEl) {
        return new bootstrap.Popover(popoverTriggerEl);
      });
    });
  </script>
</body>
```

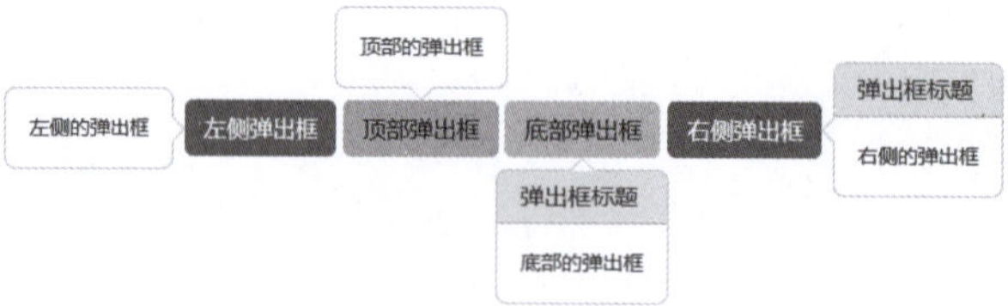

图 3-43 弹出提示框效果

弹出提示框通过data-bs-toggle="popover"触发器来激活,并需要配置两个必要属性:data-bs-content 用于设置弹出提示框的内容,title用于设置提示框的标题。默认情况下,弹出提示框通常由单击动作触发。如果希望改为通过鼠标悬停触发,可以在触发元素上添加data-bs-trigger="hover focus" 属性。

需要注意的是,弹出提示框并非纯 CSS 组件。若要使用该功能,必须导入 jQuery 库,并通过 jQuery 进行初始化。

3.8.3 警告框

警告框(alert)用于传递操作结果或任务执行状态的信息,其特点是用户阅读后,警告框会自动或手动消失。Bootstrap 5内置了.alert 类,可用于快速创建警告框。

【示例3-39】创建一个警告框,效果如图3-44所示。

```
<body class="container">
  <div class="alert alert-danger fade show">
    <strong>错误:</strong>数据库连接失败!
    <button type="button" class="btn-close" data-bs-dismiss="alert"></button>
  </div>
  <div class="alert alert-warning fade show">
    <strong>注意:</strong>请检查数据库设置。
    <a class="btn-close" data-bs-dismiss="alert" href=""></a>
  </div>
  <div class="alert alert-success alert-dismissible fade show" role="alert">
    <strong>成功:</strong>连接已恢复!
    <button type="button" class="btn-close" data-bs-dismiss="alert"></button>
  </div>
  <script src="bootstrap-5.3.0-alpha1-dist/js/bootstrap.bundle.min.js"></script>
</body>
```

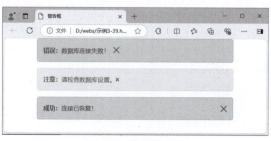

图 3-44 警告框效果

警告框由提示信息和关闭按钮两部分组成。提示信息部分使用Bootstrap 5内置的.alert类，而关闭按钮则使用.btn-close类。警告框组件创建了一个并排位置的关闭链接，通过data-bs-dismiss="alert"属性来触发关闭事件。

为了将关闭按钮定位于右侧，可以在提示信息的div.alert中添加.alert-dismissible类。

3.9 折叠组件和手风琴组件

Bootstrap的折叠(collapse)组件通过单击标题来隐藏和显示内容，可以节省页面空间。手风琴(accordion)组件则是基于折叠组件的一种变体，通过垂直列式布局展示多个标题和内容块，每次只能展开一个内容块，通常用于创建常见问题解答(FAQ)或文件夹式内容结构，以增强用户交互体验。

3.9.1 折叠组件

1. 创建折叠组件

Bootstrap 5的折叠功能由脚本文件collapse.js 实现。

【示例3-40】创建折叠组件，效果如图3-45所示。

```html
<body class="container">
  <div class="mt-3">
    <a class="btn btn-primary" data-bs-toggle="collapse" href="#collapse1" role="button">
      使用链接展开
    </a>
    <button class="btn btn-primary" type="button" data-bs-toggle="collapse" data-bs-target="#collapse2">
      使用按钮展开
    </button>
  </div>
  <div class="collapse" id="collapse1">
    <div class="card card-body">
      折叠内容的 id 或 class 必须与触发器一致。
    </div>
  </div>
  <div class="collapse show" id="collapse2">
    <div class="card card-body">
      折叠结构包括触发器和内容两部分。
    </div>
  </div>
  <script src="bootstrap-5.3.0-alpha1-dist/js/bootstrap.bundle.min.js"></script>
</body>
```

图3-45 折叠组件效果

2. 折叠组件的结构

从示例3-40可以看出，折叠组件主要由折叠触发器和折叠内容两部分组成。要创建折叠触发器，可以使用<a>元素或<button>元素，并在其上添加 data-bs-toggle="collapse" 属性。在触发器中，使用 id 或 class 与折叠内容进行关联。如果使用<a>元素，则需要设置其 href 属性，与内容的 id 相匹配；如果使用<button>元素，则需要设置data-bs-target属性，其值为内容的 id。

折叠内容的容器必须设置一个id或class值，该值需与触发器中的相应值保持一致。在示例3-40中，使用卡片组件来描述折叠内容。

要实现折叠内容的隐藏或显示，可以使用以下类。

- .collapse：用于隐藏折叠内容。
- .collapsing：用于在折叠或展开过程中添加动态效果。
- .collapse.show：用于显示折叠内容。

3. 触发多项内容

当使用触发器时，可以通过不同的选择器来显示或隐藏多项折叠内容。通常，通过类选择器来指定要触发的多项内容，并将该类选择器的值赋给触发按钮的 data-bs-target 属性。此外，也可以使用多个触发器来控制一项折叠内容的显示或隐藏。

【示例3-41】创建一个可以触发多个目标的折叠组件。

```
<body class="container">
  <div class="mt-3">
    <button class="btn btn-primary" type="button" data-bs-toggle="collapse" data-bs-target=".a1">
      展开全部内容
    </button>
    <button class="btn btn-primary" type="button" data-bs-toggle="collapse" data-bs-target="#collapse1">
      查看详情1
    </button>
    <a class="btn btn-primary" data-bs-toggle="collapse" href="#collapse2">
      查看详情2
    </a>
  </div>
  <div class="collapse a1" id="collapse1">
    <div class="card card-body">
```

```
        内容1：此部分内容仅在触发器匹配时显示，请确保内容的ID或类名与触发器一致。
    </div>
</div>
<div class="collapse show a1" id="collapse2">
    <div class="card card-body">
        内容2：折叠功能包括一个触发按钮和对应的可折叠内容区，两者需要正确关联。
    </div>
</div>
<script src="bootstrap-5.3.0-alpha1-dist/js/bootstrap.bundle.min.js"></script>
</body>
```

3.9.2 手风琴组件

Bootstrap 5中的手风琴组件是一种交互式元素，它通过展开和折叠的方式展示信息。这本质上是一个可折叠组件的集合，每个折叠项都可以独立展开和收起，从而形成一种类似手风琴的效果。手风琴组件非常适合在有限的屏幕空间内展示大量信息，用户可以通过单击标题来查看或隐藏详细内容。

【示例3-42】创建手风琴组件，效果如图3-46所示。

本示例展示了如何使用Bootstrap 5创建一个简单的手风琴组件。手风琴中的每个折叠项包含一个标题和一个可折叠的内容区域。用户可以通过单击标题来展开或折叠对应的内容，从而在有限的页面空间内展示更多信息。

```
<body class="container">
  <div class="accordion mt-3" id="accordionExample">
    <div class="accordion-item">
      <h4 class="accordion-header" id="heading1">
        <button class="accordion-button" type="button" data-bs-toggle="collapse" data-bs-target="#collapse1">
          人工智能概述
        </button>
      </h4>
      <div id="collapse1" class="accordion-collapse collapse show" data-bs-parent="#accordionExample">
        <div class="accordion-body">
          人工智能(AI)是模拟人类智能的技术，执行视觉识别、语音识别和决策等任务。它广泛应用于医疗、金融、交通等领域。
        </div>
      </div>
    </div>
      <div class="accordion-item">
        <h4 class="accordion-header" id="heading2">
          <button class="accordion-button collapsed" type="button" data-bs-toggle="collapse" data-bs-target="#collapse2">
            人工智能的发展
```

```
        </button>
      </h4>
      <div id="collapse2" class="accordion-collapse collapse" data-bs-parent="#accordionExample">
        <div class="accordion-body">
          从20世纪50年代起，人工智能经历了多个发展阶段，特别是在机器学习和深度学习上取得了重大进展。
        </div>
      </div>
    </div>
    <div class="accordion-item">
      <h4 class="accordion-header" id="heading3">
        <button class="accordion-button collapsed" type="button" data-bs-toggle="collapse" data-bs-target="#collapse3">
          人工智能的应用
        </button>
      </h4>
      <div id="collapse3" class="accordion-collapse collapse" data-bs-parent="#accordionExample">
        <div class="accordion-body">
          人工智能被应用于医疗、教育、交通、金融等多个领域，正在改变我们的生活和工作方式。
        </div>
      </div>
    </div>
  </div>
  <!-- 引入 Bootstrap JS 和依赖项 -->
  <script src="bootstrap-5.3.0-alpha1-dist/js/bootstrap.bundle.min.js"></script>
</body>
```

图3-46 手风琴组件效果

手风琴组件的结构描述如下。

(1) 手风琴组件的外层结构由以下代码定义：

```
<div class="accordion" id="acontainer"> ... </div>
```

组件放置在一个使用.accordion类描述的\<div\>元素中，并通过 id="acontainer"设置唯一标识。在组件的子选项中，data-bs-parent 属性会引用该id，确保同一时间只有一个折叠内容处于展开状态。

(2) 手风琴组件包含多个折叠选项，每个选项的结构如下：

```
<div class="accordion-item"> ... </div>
```

每个折叠选项包含标题容器和内容容器两部分。
- 标题容器：通过 <h4 class="accordion-header"> 定义。
- 内容容器：使用 <div class="accordion-collapse"> 包裹具体内容。

示例代码：

```
<div id="collapse1" class="accordion-collapse collapse show" data-bs-parent="#acontainer"> ... </div>
```

其中，.collapse.show 类用于默认显示折叠组件的内容。如果不需要默认展开内容，可以省略 show 类，这样组件在初始状态下将保持折叠状态。

(3) 按钮和折叠内容需要通过 data-bs-target 属性和内容容器的 id 值进行关联。例如：

```
<button class="accordion-button collapsed" type="button"
    data-bs-toggle="collapse" data-bs-target="#collapse1">
 展开/折叠
</button>
```

按钮的 data-bs-target="#collapse1" 属性中的目标值必须与对应内容容器的 id="collapse1" 保持一致。此外，按钮的 data-bs-toggle="collapse" 属性用于触发折叠或展开操作。

3.10 轮播组件

轮播(carousel)组件用于响应式地展示滑动内容，能够自动或手动切换展示内容。轮播组件通常用于展示图像、内嵌框架、视频或其他类型的内容，通过滑动效果增强页面的视觉表现。该组件依赖于Bootstrap 5提供的carousel.js脚本文件来实现交互功能。

【示例3-43】创建轮播组件，效果如图3-47所示。

```
<body class="container">
  <!-- 轮播组件开始 -->
  <div id="myContainer" class="carousel slide" data-bs-ride="carousel" data-bs-interval="2000" data-bs-wrap="false">
    <!-- 指示器 -->
    <div class="carousel-indicators">
      <button type="button" data-bs-target="#myContainer" data-bs-slide-to="0" class="active"></button>
      <button type="button" data-bs-target="#myContainer" data-bs-slide-to="1"></button>
      <button type="button" data-bs-target="#myContainer" data-bs-slide-to="2"></button>
    </div>
    <!-- 轮播项 -->
    <div class="carousel-inner">
```

```html
      <div class="carousel-item active">
        <img src="images/ank01.png" alt="图片1">
      </div>
      <div class="carousel-item">
        <img src="images/ank02.png" alt="图片2">
      </div>
      <div class="carousel-item">
        <img src="images/ank03.png" alt="图片3">
      </div>
    </div>
    <!-- 上一张按钮 -->
    <button class="carousel-control-prev" type="button" data-bs-target="#myContainer" data-bs-slide="prev">
      <span class="carousel-control-prev-icon"></span>
      <span class="visually-hidden">Previous</span>
    </button>
    <!-- 下一张按钮 -->
    <button class="carousel-control-next" type="button" data-bs-target="#myContainer" data-bs-slide="next">
      <span class="carousel-control-next-icon"></span>
      <span class="visually-hidden">Next</span>
    </button>
  </div>
  <!-- 轮播组件结束 -->
  <!-- 引入 Bootstrap JS 和依赖项 -->
  <script src="bootstrap-5.3.0-alpha1-dist/js/bootstrap.bundle.min.js"></script>
</body>
```

图 3-47 图片轮播效果

轮播组件主要由轮播容器、轮播指示器、轮播项目和轮播控制器等部分组成。下面详细介绍如何设计和实现这些部分。

（1）设计轮播容器。使用 carousel 类描述轮播容器，并为其添加 id 值，以便后续代码引用。具体代码如下：

```html
<div id="myCarousel" class="carousel slide" data-bs-ride="carousel" data-bs-interval="2000" data-bs-wrap="false">
 ...
</div>
```

- data-bs-ride="carousel" 表示页面加载时启动轮播。
- data-bs-interval="2000" 设置轮播项目的切换间隔时间为2秒。
- data-bs-wrap="false" 表示轮播不进行循环播放(默认情况下是循环的)。

(2) 设计轮播指示器。在轮播容器内部添加carousel-indicators类的元素，控制当前图片的播放顺序，可以使用有序列表或按钮实现。示例如下：

```html
<div class="carousel-indicators">
  <button type="button" data-bs-target="#myCarousel" data-bs-slide-to="0" class="active"></button>
  <button type="button" data-bs-target="#myCarousel" data-bs-slide-to="1"></button>
  <button type="button" data-bs-target="#myCarousel" data-bs-slide-to="2"></button>
</div>
```

- data-bs-target 属性的值应为轮播容器div.carousel的id值。
- data-bs-slide-to 属性用于指定轮播项目的索引，索引值从0开始。

(3) 设计轮播项目。在轮播容器内部，通过carousel-inner类定义轮播项目，每个轮播项目由carousel-item类描述，示例如下：

```html
<div class="carousel-inner">
  <div class="carousel-item active">
   <img src="images/big1.jpg" alt="Image 1">
  </div>
  <div class="carousel-item">
   <img src="images/big2.jpg" alt="Image 2">
  </div>
  <div class="carousel-item">
   <img src="images/big3.jpg" alt="Image 3">
  </div>
</div>
```

初始显示的项目应添加active类。

(4) 设计轮播控制器。通常需要为轮播组件添加向前或向后播放的控制器。在轮播容器内，通过carousel-control-prev和carousel-control-next定义两个按钮，并添加相关图标。示例如下：

```html
<button class="carousel-control-prev" type="button" data-bs-target="#myCarousel" data-bs-slide="prev">
  <span class="carousel-control-prev-icon"></span>
  <span class="visually-hidden">Previous</span>
</button>
<button class="carousel-control-next" type="button" data-bs-target="#myCarousel" data-bs-slide="next">
  <span class="carousel-control-next-icon"></span>
  <span class="visually-hidden">Next</span>
</button>
```

- data-bs-target属性值需要与轮播容器的id值相匹配。
- visually-hidden 类用于为屏幕阅读器提供文本内容，从而改善无障碍访问体验。该类的设计使得文本在视觉上不可见，但仍能被屏幕阅读器读取，确保视障用户能够获取完整的信息。

页面加载后，轮播效果会自动启动，但用户也可以通过左侧或右侧按钮、下方的指示器切换轮播项。轮播项目内通常可以添加图片描述信息。默认情况下，轮播效果会占满整个浏览器窗口。用户可以通过设置外层容器的 width 样式属性来调整轮播图的宽度。

3.11 滚动监听组件

Bootstrap的滚动监听组件可以自动检测页面滚动，并为指定的导航元素添加活跃状态，帮助用户更好地了解当前所处的位置。

3.11.1 监听导航

导航组件通常以列表元素为基础，通过.nav类来实现布局和样式。滚动监听的核心是基于页面滚动时，动态地根据滚动条的位置为导航列表中的元素添加.active类，从而实现导航项的高亮显示效果。

【示例3-44】在导航组件中应用滚动监听，效果如图3-48所示。

```html
<body>
  <div class="container">
    <!-- 导航条 -->
    <div id="navbar-example" class="mb-3">
      <ul class="nav nav-pills">
        <li class="nav-item">
          <a class="nav-link" href="#javascript">JavaScript</a>
        </li>
        <li class="nav-item">
          <a class="nav-link" href="#python">Python</a>
        </li>
        <li class="nav-item">
          <a class="nav-link" href="#react">React</a>
        </li>
      </ul>
    </div>
    <!-- 滚动监听内容区域 -->
    <div data-bs-spy="scroll" data-bs-target="#navbar-example" data-bs-offset="0" style="height: 150px; overflow: auto; position: relative;">
      <h4 id="javascript">JavaScript</h4>
      <p>JavaScript 是一种广泛使用的脚本语言，主要用于网页开发。它允许开发者在网页上实现动态交互和增强用户体验。JavaScript 的灵活性和兼容性使得它成为现代前端开发的重要技术之一。随着
```

Node.js 的兴起，JavaScript 也逐渐走向后端开发，支持全栈开发的实现，让开发者可以使用同一语言进行客户端和服务器端的编程。</p>
  <h4 id="python">Python</h4>
  <p>Python 是一种高级编程语言，以其简单易读的语法而闻名。它被广泛应用于数据分析、机器学习以及网页开发等多个领域。Python 拥有丰富的库和框架，如 Pandas 和 NumPy 等数据处理库，以及 TensorFlow 和 PyTorch 等深度学习框架，这使得 Python 成为数据科学和人工智能领域的热门选择。同时，Python 的社区活跃，也为初学者提供了大量学习资源和支持。</p>
  <h4 id="react">React</h4>
  <p>React 是一个用于构建用户界面的 JavaScript 库，由 Facebook 开发。它允许开发者创建可复用的 UI 组件，适用于单页面应用程序。React 使用虚拟 DOM 技术，提高了渲染效率，减少了实际 DOM 操作的次数，使得应用响应更加迅速。与此同时，React 的生态系统非常庞大，包含了诸如 Redux、React Router 这样的库，帮助开发者实现状态管理与路由功能，使得复杂的前端应用开发变得更加高效。</p>
  </div>
 </div>
<script src="bootstrap-5.3.0-alpha1-dist/js/bootstrap.bundle.min.js"></script>
</body>

图 3-48　在导航上应用滚动监听组件

在示例 3-44 中，以下代码用于描述内容监听的容器结构。

```
<div data-bs-spy="scroll" data-bs-target="#navbar-example" data-bs-offset="0" style="height:160px; overflow:auto; position:relative;">
  <!-- 内容 -->
</div>
```

代码中的 data-bs-spy="scroll" 用于为元素添加滚动监听事件，data-bs-target="#navbar-example" 指定了被监听的目标元素。data-bs-offset="0" 定义了滚动位置相对于页面顶部的偏移量（单位为像素）。通过 style 属性，我们为用作内容容器的 div 元素定义了若干样式属性，如 height、overflow 和 position 等，以便正确控制内容的滚动行为和布局外观。

3.11.2　监听导航条

滚动监听组件的一个重要应用场景是导航条的监听，包括导航条上的菜单和各菜单项。为了实现精准的滚动监听，通常需要使用 data-bs-offset 属性来定义监听内容的滚动偏移位置。

【示例3-45】 在导航条上应用滚动监听组件的代码,效果如图3-49所示。

```html
<style>
  /* 样式定义 */
  .frame1 {
    width: 368px;
    height: 392px;
    overflow: auto;
  }
</style>
</head>
<body>
  <!-- 导航栏 -->
  <nav id="navbara" class="navbar navbar-light bg-light px-3">
    <a class="navbar-brand" href="#">我的博客</a>
    <ul class="nav nav-pills">
      <li class="nav-item">
        <a class="nav-link" href="#part1">章节 1</a>
      </li>
      <li class="nav-item">
        <a class="nav-link" href="#part2">章节 2</a>
      </li>
      <li class="nav-item dropdown">
        <a class="nav-link dropdown-toggle" data-bs-toggle="dropdown" href="#">示例</a>
        <ul class="dropdown-menu dropdown-menu-end">
          <li><a class="dropdown-item" href="#one">示例 1</a></li>
          <li><a class="dropdown-item" href="#two">示例 2</a></li>
          <li><hr class="dropdown-divider"></li>
          <li><a class="dropdown-item" href="#three">示例 3</a></li>
        </ul>
      </li>
    </ul>
  </nav>
  <!-- 内容区域,启用滚动监听 -->
  <div data-bs-spy="scroll" data-bs-target="#navbara" data-bs-offset="100" class="frame1">
    <h4 id="part1">章节 1</h4>
    <p>导航组件通常通过列表形式实现。使用 '.nav' 类可以让导航条具备良好的可操作性。</p>
    <h4 id="part2">章节 2</h4>
    <p>滚动监听功能常用于含有多个页面段落的导航条。通过设置 'data-bs-offset',可以自定义滚动时的位置偏移。</p>
    <h4 id="one">示例 1</h4>
    <img src="images/P1.png" alt="示例图 1">
```

```
    <h4 id="two">示例 2</h4>
    <img src="images/P2.png" alt="示例图 2">
    <h4 id="three">示例 3</h4>
    <img src="images/P3.png" alt="示例图 3">
</div>
<!-- 引入 Bootstrap JS -->
<script src="bootstrap-5.3.0-alpha1-dist/js/bootstrap.bundle.min.js"></script>
</body>
```

图3-49　在导航条上应用滚动监听组件

在图3-49所示的页面中，当用户在导航条下方的内容区域中滚动时，导航条和对应菜单项会根据滚动位置自动突出显示。

示例3-45的实现步骤如下。

(1) 设计导航条。创建导航条，并添加一个下拉菜单。为导航条上的菜单项添加锚点(如 #part1、#part2 等)，并为导航条设置 id="navbara"，以便与滚动监听组件配合使用。

(2) 设计监听内容。内容容器中包含多个链接选项，且每个选项都需要设置对应的锚点位置。本例中，h4 标签通过 id 属性与导航条上的锚点相匹配(如#part1、#part2等)。

(3) 定义 CSS 样式。为监听的内容容器设置样式，指定大小并设置 overflow 属性，以支持滚动。CSS样式定义代码如下：

```
.frame1 {
    width: 768px;
    height: 300px;
    overflow: auto;
}
```

(4) 设置监听属性。使用 data-bs-spy="scroll" 来启用滚动监听，data-bs-target="#navbara" 指定监听的导航条，data-bs-offset="100" 设置滚动偏移量，确保滚动时导航条正确突出显示当前项。

通过以上步骤，便可实现导航条的滚动监听功能。

3.12 实战案例——网站后台管理页面

本章主要介绍了 Bootstrap 的组件库，内容涵盖了导航栏、按钮、下拉菜单、警告框、模态框、标签页、进度条、卡片等常用组件的基本使用方法和自定义样式。通过这些组件，开发者可以快速搭建响应式的网页界面，并根据需求进行个性化的调整，以满足不同项目的设计要求。下面将通过一个实战案例，帮助用户进一步巩固所学知识。

3.12.1 案例概述

通常在开发一个项目之前，首先需要确定需求。网站后台管理包含诸多方面，如用户管理、内容管理、数据统计等。在这个项目中，用户可以选择具有典型性的内容管理作为示例，以展示后台管理系统的核心功能和设计思路。

在网页界面设计中，可以充分运用Bootstrap强大的组件库，以确保界面不仅简约且易用性更强，细节设计更规范。在设计后台界面之前，必须对产品功能有深入的理解，这样才能确保产品具有更好的易用性与视觉体验。

内容管理页面是本系统的核心部分，其核心功能是方便地查看文章内容，并对文章进行编辑、删除和置顶操作。我们可以通过Bootstrap的表格、按钮和表单组件实现这些功能，确保页面的响应性和一致性。此外，网站后台管理系统还包含许多其他功能模块，因此需要有清晰的链接结构，以便轻松跳转到其他模块。我们可以通过Bootstrap的导航栏组件设计直观的导航结构，提升用户体验。

1. 案例效果

本案例的设计效果如图3-50所示，为更好地说明系统功能，这里使用了整页完成后的截图。本案例目标是为用户提供一个简约、易用且功能强大的论坛管理界面，以满足各种管理需求。通过Bootstrap组件的合理运用，我们不仅提高了开发效率，还确保了页面的高性能和一致性。

图3-50 网站后台管理页面

2. 模块设计

图3-50清晰地展示了该页面的三大核心功能模块,每个模块各司其职,功能明确。

- 头部导航栏:具备导航与管理作用。它不仅囊括了后台首页、用户管理、内容管理三大基础模块的链接,确保用户轻松切换,还特别集成了管理员登录信息、退出等通用功能,为用户提供了便捷的操作入口。
- 左侧边栏:精巧汇聚了内容管理分类下的各项功能导航。该模块为内容管理和添加内容两大功能提供了明确的导航链接,让用户在密集的功能选项中一目了然,轻松找到所需操作。
- 主功能区:作为页面的核心区域,该区域专注于提供强大的内容管理功能。用户可以在此便捷地查看文章内容,并进行灵活的编辑、删除或置顶操作,极大地提升了内容管理的便捷性。

通过这三大功能模块的协同工作,用户能够在管理页面中畅享流畅、高效且直观的内容管理体验。

3.12.2　设计页面布局

在编写布局代码时,页头部分采用了<nav>标签进行设计,而主内容则被包裹在Bootstrap默认的container容器内部。在container内部,页面被划分为左侧边栏和右侧的主功能区。设计中采用了1:5的比例布局,即在12列栅格系统中,左侧边栏占据2列,右侧主功能区占据10列。为了确保在小屏幕设备上的良好显示效果,本例采用堆叠放置的响应式设计。

以下是详细的布局代码:

```html
<!DOCTYPE html>
<html lang="zh-CN">
<head>
  <meta charset="UTF-8">
  <meta name="viewport" content="width=device-width, initial-scale=1.0">
  <title>技术博客</title>
  <!-- 引入 Bootstrap CSS -->
  <link rel="stylesheet" href="bootstrap-5.3.0-alpha1-dist/css/bootstrap.min.css">
</head>
<body>
  <!-- 页头部分 -->
  <div class="head-container">
    <nav class="navbar navbar-default">
      <!-- 导航栏内容 -->
      ...
    </nav>
  </div>
  <!-- 主内容部分 -->
  <div class="container">
```

```html
        <div class="row">
            <!-- 左侧目录 -->
            <div class="col-xs-12 col-sm-2 col-md-2 col-lg-2">
                <!-- 左侧边栏内容 -->
                ...
            </div>
            <!-- 右侧主要内容 -->
            <div class="col-xs-12 col-sm-10 col-md-10 col-lg-10">
                <!-- 右侧主功能内容 -->
                ...
            </div>
        </div>
    </div>
</body>
<!-- 引入 Bootstrap JS 和 Popper JS -->
<script src="https://cdn.jsdelivr.net/npm/@popperjs/core@2.11.6/dist/umd/popper.min.js"></script>
<script src="https://cdn.jsdelivr.net/npm/bootstrap@5.3.0/dist/js/bootstrap.min.js"></script>
</html>
```

3.12.3 设计导航栏

在明确需求并完成设计和布局之后，就可以开始关注细节的实现。首先需要完成的是页面的头部导航功能。本示例中的头部导航主要包括五部分：标题、主要功能模块的链接、搜索框、通知和登录信息。下面主要使用Bootstrap内置的头部导航组件来实现这些功能。

代码如下：

```html
<nav class="navbar navbar-expand-lg navbar-light bg-light">
    <div class="container">
        <a href="#" class="navbar-brand">后台管理系统</a>
        <button class="navbar-toggler" type="button" data-bs-toggle="collapse" data-bs-target="#navbarNav" aria-controls="navbarNav" aria-expanded="false" aria-label="Toggle navigation">
            <span class="navbar-toggler-icon"></span>
        </button>
        <div class="collapse navbar-collapse" id="navbarNav">
            <ul class="navbar-nav me-auto">
                <li class="nav-item">
                    <a class="nav-link" href="#">后台首页</a>
                </li>
                <li class="nav-item">
                    <a class="nav-link" href="#">用户管理</a>
                </li>
                <li class="nav-item">
```

```
            <a class="nav-link active" href="#">内容管理</a>
<!-- 使用 .active 类表示当前页面 -->
        </li>
    </ul>
    <ul class="navbar-nav ms-auto">
        <!-- 这里设置管理员信息、退出按钮 -->
        <li class="nav-item">
            <a class="nav-link" href="#">管理员信息</a>
        </li>
        <li class="nav-item">
            <a class="nav-link" href="#">退出</a>
        </li>
    </ul>
  </div>
 </div>
</nav>
```

实现的网页效果如图3-51所示。

图3-51 导航栏效果

如果管理员尚未登录，系统应显示登录链接(后台管理系统通常不开放注册功能)。而当管理员已登录时，将显示管理员的用户名，并提供一个下拉菜单。该菜单包含查看前台页面、设置管理员相关选项和管理收藏等功能。

这里使用Bootstrap内置的下拉菜单组件，代码如下：

```
<nav class="navbar navbar-expand-lg navbar-light bg-light">
  <div class="container">
    <a href="#" class="navbar-brand">后台管理系统</a>
    <button class="navbar-toggler" type="button" data-bs-toggle="collapse" data-bs-target="#navbarNav" aria-controls="navbarNav" aria-expanded="false" aria-label="Toggle navigation">
        <span class="navbar-toggler-icon"></span>
    </button>
    <div class="collapse navbar-collapse" id="navbarNav">
        <ul class="navbar-nav me-auto">
            <li class="nav-item"><a class="nav-link" href="#">后台首页</a></li>
            <li class="nav-item"><a class="nav-link" href="#">用户管理</a></li>
            <li class="nav-item"><a class="nav-link active" href="#">内容管理</a></li>
        </ul>
        <ul class="navbar-nav ms-auto">
            <li class="nav-item dropdown">
```

```
            <a class="nav-link dropdown-toggle" href="#" id="adminDropdown" role="button" data-bs-toggle="dropdown" aria-expanded="false">
                管理员信息
            </a>
            <ul class="dropdown-menu" aria-labelledby="adminDropdown">
                <li><a class="dropdown-item" href="#">前台首页</a></li>
                <li><a class="dropdown-item" href="#">个人主页</a></li>
                <li><a class="dropdown-item" href="#">个人设置</a></li>
                <li><a class="dropdown-item" href="#">账户中心</a></li>
                <li><a class="dropdown-item" href="#">我的收藏</a></li>
            </ul>
        </li>
        <li class="nav-item"><a class="nav-link" href="#">退出</a></li>
      </ul>
    </div>
  </div>
</nav>
```

实现的网页效果如图3-52所示。

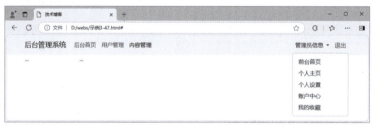

图3-52　完整的网页头部导航

为了提升导航的视觉效果，建议为导航元素添加图标。同时，为确保导航在小型屏幕设备上能够顺利展开和收起，还需要进一步完善响应式设计。

代码如下：

```
<nav class="navbar navbar-expand-lg navbar-light bg-light">
  <div class="container">
    <a href="#" class="navbar-brand">
        <img src="images/p2.jpg" alt="Logo" style="width: 30px; height: 30px;" class="d-inline-block align-text-top">
        后台管理系统
    </a>
    <button class="navbar-toggler" type="button" data-bs-toggle="collapse" data-bs-target="#navbarNav" aria-controls="navbarNav" aria-expanded="false" aria-label="Toggle navigation">
        <span class="navbar-toggler-icon"></span>
    </button>
```

```html
<div class="collapse navbar-collapse" id="navbarNav">
    <ul class="navbar-nav me-auto">
        <li class="nav-item">
            <a class="nav-link" href="#">
                <i class="bi bi-house"></i> 后台首页
            </a>
        </li>
        <li class="nav-item">
            <a class="nav-link" href="#">
                <i class="bi bi-person"></i> 用户管理
            </a>
        </li>
        <li class="nav-item">
            <a class="nav-link active" href="#">
                <i class="bi bi-file-earmark-text"></i> 内容管理
            </a>
        </li>
    </ul>
    <ul class="navbar-nav ms-auto">
        <li class="nav-item dropdown">
            <a class="nav-link dropdown-toggle" href="#" id="adminDropdown" role="button"
            data-bs-toggle="dropdown" aria-expanded="false">
                <i class="bi bi-person-circle"></i> 管理员信息
            </a>
            <ul class="dropdown-menu" aria-labelledby="adminDropdown">
                <li><a class="dropdown-item" href="#"><i class="bi bi-house-door"></i> 前台首页</a></li>
                <li><a class="dropdown-item" href="#"><i class="bi bi-person"></i> 个人主页</a></li>
                <li><a class="dropdown-item" href="#"><i class="bi bi-gear"></i> 个人设置</a></li>
                <li><a class="dropdown-item" href="#"><i class="bi bi-card-list"></i> 账户中心</a></li>
                <li><a class="dropdown-item" href="#"><i class="bi bi-heart"></i> 我的收藏</a></li>
            </ul>
        </li>
        <li class="nav-item"><a class="nav-link" href="#"><i class="bi bi-box-arrow-right"></i>
        退出</a></li>
    </ul>
</div>
    </div>
</nav>
```

以上这段代码使用Bootstrap定义了一个响应式导航栏，包含网站标志、多个导航链接(如后台首页、用户管理和内容管理)，以及管理员信息下拉菜单和退出链接。导航栏在小屏幕上可折叠，效果如图3-53所示。

图 3-53　导航栏在小屏幕中的效果

3.12.4　设计左侧边栏

在设计导航栏后，可以按从上到下、从左到右的顺序实现左侧边栏的功能。网页左侧边栏主要用于展示功能模块列表，本质上是一组链接。这里选择使用 Bootstrap 的列表组来实现，代码如下：

```html
<div class="container">
    <div class="row">
        <!-- 左侧目录 -->
        <div class="col-sm-2 col-md-2">
            <div class="list-group">
                <a href="#" class="list-group-item list-group-item-action active">内容管理</a>
                <a href="#" class="list-group-item list-group-item-action">添加内容</a>
            </div>
        </div>
        <!-- 右侧主要内容 -->
        <div class="col-sm-10 col-md-10">
            <!-- 这里可以放置右侧内容 -->
        </div>
    </div>
</div>
```

实现的网页效果如图3-54所示。

图 3-54　左侧边栏效果

3.12.5 设计主功能区

完成头部导航栏和左侧边栏设计后,接下来是主功能区的开发。后台管理系统通常包括审核、管理、日志等多个模块,此处限于篇幅无法逐一详述,下面以主帖审核功能页面作为样例展开讲解。

1. 设计页面头部

页面按照从上到下的原则进行设计,本小节首先介绍如何制作主功能区的头部。

(1) 面板的结构。为了让页面区域的划分更为清晰,下面将主功能区包裹在一个面板中。代码如下:

```html
<div class="col-12 col-sm-10 col-md-10 col-lg-10">
  <div class="card">
    <div class="card-header">
      <!-- 这里放置标题、选项 -->
    </div>
    <div class="card-body">
      <!-- 这里放置文章列表 -->
    </div>
  </div>
</div>
```

根据功能划分,本项目将标题、选项、分页等内容放在面板的头部,将文章(帖子)列表放在面板的内容部分。

(2) 填充面板头部内容。向面板头部填充预定内容,代码如下:

```html
<div class="col-12 col-sm-10 col-md-10 col-lg-10">
  <div class="card">
    <div class="card-header">
      <h5 class="card-title">内容管理</h5>
      <ul class="nav nav-tabs">
        <li class="nav-item">
          <a class="nav-link active" href="#">内容管理</a>
        </li>
        <li class="nav-item">
          <a class="nav-link" href="#">添加内容</a>
        </li>
      </ul>
    </div>
    <div class="card-body">
      <!-- 这里放置文章列表 -->
    </div>
  </div>
</div>
```

以上代码首先是设置一个标题，表明该页的主要功能是"内容管理"。对于内容管理页面，通常包括添加、编辑、删除三个选项，其中添加文章是内容管理中最常用的一项，因此将"添加内容"选项设置为一个独立页面，效果如图3-55所示。

图3-55　页面头部效果

2. 添加文章列表

完成页面头部设计后，开始制作帖子列表部分。列表每一行需要显示文章的主题、发帖时间、作者、详情等信息，显然这里使用表格是最合适的选择。

根据这些需求，在面板内容部分加入如下代码：

```html
<div class="card-body">
    <table class="table table-bordered table-hover">
        <thead>
            <tr>
                <th>文章标题</th>
                <th>作者</th>
                <th>发布时间</th>
                <th>操作</th>
            </tr>
        </thead>
        <tbody>
            <tr>
                <th scope="row">人工智能在医疗领域的应用与前景</th>
                <td>杜思明</td>
                <td>2023/10/12</td>
                <td>
                    <div class="dropdown">
                        <button class="btn btn-secondary dropdown-toggle" type="button" id="dropdownMenuButton" data-bs-toggle="dropdown" aria-expanded="false">
                            操作 <span class="caret"></span>
                        </button>
                        <ul class="dropdown-menu" aria-labelledby="dropdownMenuButton">
                            <li><a class="dropdown-item" href="#">编辑</a></li>
                            <li><a class="dropdown-item" href="#">删除</a></li>
                            <li><a class="dropdown-item" href="#">全局置顶</a></li>
                        </ul>
```

```
          </div>
        </td>
      </tr>
      <tr>
        <th scope="row">人工智能如何改变我们的日常生活</th>
        <td>杜思明</td>
        <td>2023/09/30</td>
        <td>
          <div class="dropdown">
            <button class="btn btn-secondary dropdown-toggle" type="button" id="dropdownMenuButton2" data-bs-toggle="dropdown" aria-expanded="false">
              操作 <span class="caret"></span>
            </button>
            <ul class="dropdown-menu" aria-labelledby="dropdownMenuButton2">
              <li><a class="dropdown-item" href="#">编辑</a></li>
              <li><a class="dropdown-item" href="#">删除</a></li>
              <li><a class="dropdown-item" href="#">全局置顶</a></li>
            </ul>
          </div>
        </td>
      </tr>
    </tbody>
  </table>
</div>
```

这段代码使用了Bootstrap的表格、按钮和下拉菜单组件，结合样式类和JavaScript插件，构建了一个美观且交互性强的文章管理界面。

这里还有一个问题是，如果有很多文章，那么将所有文章列表显示在一个页面上显然不合适，因此需要使用Bootstrap的分页插件。在 `<table>` 标签之下添加如下代码：

```
<nav class="d-flex justify-content-end">
  <ul class="pagination">
    <li class="page-item disabled">
      <a class="page-link" href="#" tabindex="-1" aria-disabled="true">&laquo;</a>
    </li>
    <li class="page-item active">
      <a class="page-link" href="#">1</a>
    </li>
    <li class="page-item"><a class="page-link" href="#">2</a></li>
    <li class="page-item"><a class="page-link" href="#">3</a></li>
    <li class="page-item"><a class="page-link" href="#">4</a></li>
    <li class="page-item"><a class="page-link" href="#">5</a></li>
    <li class="page-item"><a class="page-link" href="#">6</a></li>
```

```
      <li class="page-item">
        <a class="page-link" href="#">&raquo;</a>
      </li>
    </ul>
</nav>
```

实现的网页效果如图3-56所示。

图 3-56　文章列表效果

3.12.6　设计版权区域

最后,我们需要为页面添加一个底部版权区域。这个区域通常用于显示版权信息、法律声明等内容,以确保网站的合法性和版权归属。代码如下:

```
<footer>
    <div class="container m-5">
      <div class="row">
        <div class="col-md-12 text-center">
          <p>Copyright &copy; 2016-2017 www.newsmile.com 京ICP备11427030号-9</p>
        </div>
      </div>
    </div>
</footer>
```

在<head>标签中添加以下<style>内联CSS代码,或者在外部的CSS文件中加入这些样式,使页面中的文本在小屏幕上自动缩小以适应屏幕大小:

```
<style>
  /* 调整文本大小以适应小屏幕 */
  body {
    font-size: 16px; /* 默认字体大小 */
  }
  @media (max-width: 576px) {
```

```css
/* 最大宽度576px，即小屏幕，例如手机屏幕 */
body {
  font-size: 3.5vw; /* 根据视口宽度调整字体大小 */
}
h5 {
  font-size: 4vw; /* 相应调整标题字体大小 */
}
/* 针对导航栏和其他文本内容可以进一步调整 */
.navbar-brand, .nav-link, .dropdown-item {
  font-size: 3.5vw;
}
.card-title {
  font-size: 4vw;
}
}
</style>
```

实现的网页效果如图3-50所示。小屏幕下的网页效果如图3-57所示。

图3-57 网页在小屏幕的显示效果

3.13 思考与练习

1. 简答题

(1) 用Boostrap 5创建导航需要使用哪些类？

(2) 如何将导航条固定在网页的顶部？

(3) 举例说明下拉菜单的创建过程。

(4) 使用手风琴组件设计页面时，需要使用哪些类？

(5) 在Bootstrap 5中，如何创建响应式的模态窗口？请列出实现模态窗口的基本步骤和需要使用的类。

2. 操作题

使用Bootstrap 5设计效果如图3-58所示的轮播图。

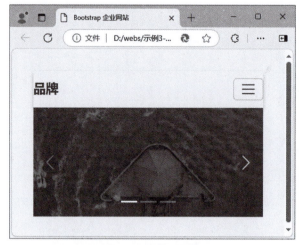

图 3-58　轮播图效果

第 4 章

工具类

Bootstrap的工具类是一组预定义的CSS类(例如.rounded、.text-center、.bg-success等类),用于快速向网页元素添加样式和功能,无须编写自定义CSS。这些工具类涵盖了布局、排版、颜色、边框等多种常见需求,开发者使用这些工具类,能够仅通过少量的CSS代码,迅速构建出响应式且美观的网页效果。

4.1 认识工具类

Bootstrap 提供了丰富的工具类，这些工具类可以帮助开发者快速应用常见的样式和功能，而无须编写额外的CSS代码。

4.1.1 工具类的概念

Bootstrap预定义了大量的样式类和组件。开发者引入框架后，按照约定的结构引用相应的组件，再辅助编写CSS样式代码，可以快速设计页面并实现响应式布局。

在使用组件开发页面时，可能会遇到一些问题。首先是同质化问题严重，只要使用了同类组件，页面就会呈现基本一致的外观。其次是组件功能固定，扩展组件的功能或改变组件的显示效果比较困难，并且一些组件中存在代码重复和冗余，增加了维护的难度。换句话说，虽然Bootstrap的组件能够使开发更为迅捷，但一旦项目发生变化，尤其是规模扩大之后，组件自身难以扩展的缺点就会显现出来。此外，CSS的管理和维护也会带来不小的代价。因此，人们需要一种更加灵活的开发方式，于是就有了工具类的概念。

组件是封装好的、可重复使用的对象，包含了预定义的属性或样式，用于快速构建页面。工具类则体现了与组件不同的CSS样式设计理念，它们是原子性的(具有简明、单一的定义)，即一个工具类通常只用于定义一个简明的CSS属性，更易于使用。

下面是Bootstrap一些工具类的定义代码。

(1) 文本居中类(.text-center)。这个类定义了一个文本居中的样式。通过将text-align属性设置为center，文本将在其容器中水平居中显示。!important表示这个样式规则具有较高优先级，会覆盖其他可能存在的居中样式。

```
.text-center {
    text-align: center !important;
}
```

(2) 边框结束类(.border-end)。这个类定义了一个带有右边框的样式。通过将border-right属性设置为1px solid #dee2e6，元素的右侧将会创建一个1像素宽度的实线边框，颜色为#dee2e6。!important表示这个样式规则优先级较高。

```
.border-end {
    border-right: 1px solid #dee2e6 !important;
}
```

(3) 底部边距类(.mb-1)。这个类定义了一个底部边距的样式。通过将margin-bottom属性设置为0.25rem，元素的底部将会创建一个0.25rem(约4像素)的边距。!important表示这个样式规则具有较高优先级。

```
.mb-1 {
    margin-bottom: 0.25rem !important;
}
```

(4) 字体大小类(.fs-5)。这个类定义了一个字体大小的样式。通过将font-size属性设置为1.25rem，元素的字体大小设置为相对于根元素的1.25倍，通常是浏览器默认字体大小的1.25倍。!important表示这个样式规则具有较高优先级。

```
.fs-5 {
    font-size: 1.25rem !important;
}
```

从以上代码可以看出，每个类都有清晰明确的功能定义，类名基本反映了其功能。这些类是Bootstrap中预定义的工具类，我们可以根据需要在Sass中添加或修改这些工具类。

注意：

工具类的功能单一，若需实现复杂功能，则通常需组合或封装工具类，并添加CSS样式，引入Vue.js等前端框架。另外，并非所有场景都适用工具类。设计者需根据页面结构特点决定是使用CSS还是工具类定义样式，也可通过封装工具类和CSS样式重构应用组件。

4.1.2 工具类的命名

通常情况下，一个工具类仅包含一个CSS属性，只定义一种样式。例如，.d-flex类的含义是display: flex。由于工具类繁多，采用合理的命名规范将会使得使用更加便捷。

1. 基本规则

工具类命名格式如下：

```
.{property}-{value}
```

其中，{property}表示CSS属性，可以是属性或属性的缩写；{value}表示该属性的具体取值，这些取值由该属性的定义所确定，可以是数值或具体的属性值。以bootstrap.css中的margin-bottom(盒子的外下边距)属性为例，它的缩写是mb，工具类的定义代码如下：

```
.mb-0 {
  margin-bottom: 0 !important;
}
.mb-1 {
  margin-bottom: 0.25rem !important;
}
.mb-2 {
  margin-bottom: 0.5rem !important;
}
.mb-3 {
  margin-bottom: 1rem !important;
}
.mb-4 {
```

```
    margin-bottom: 1.5rem !important;
}
.mb-5 {
    margin-bottom: 3rem !important;
}
```

从以上代码可以看到，上面的工具类将margin-bottom的属性值分为5级，最小的是.mb-0类，代表没有外下边距，然后其他类依次增大，最大的.mb-5类对应的margin-bottom值为3rem。

工具类中常用属性的缩写如表4-1所示。

表4-1　Bootstrap工具类中常用属性的缩写

属　　性	缩　　写	说　　明	属　　性	缩　　写	说　　明
margin	m	设置元素的外边距	padding	p	设置元素的内边距
margin-top	mt	设置元素的上外边距	padding-top	pt	设置元素的上内边距
margin-bottom	mb	设置元素的下外边距	padding-bottom	pb	设置元素的下内边距
margin-left	ml	设置元素的左外边距	padding-left	pl	设置元素的左内边距
margin-right	mr	设置元素的右外边距	padding-right	pr	设置元素的右内边距
width	w	设置元素的宽度	font-size	fs	设置元素的字体大小
height	h	设置元素的高度	font-weight	fw	设置元素的字体粗细
display	d	设置元素的显示方式	line-height	lh	控制文本行间距

以上介绍的工具类采用的命名方式是属性缩写，还有一些工具类名称不采用属性缩写，看起来更加直观。

○ .border-size-1px类的作用是将元素的边框宽度设置为1像素，其定义代码为：

```
.border-size-1px {
    border-width: 1px;
}
```

○ .text-align-left类的作用是将元素的文本水平对齐方式设置为左对齐，其定义代码为：

```
.text-align-left {
    text-align: left;
}
```

○ .background-color-red类的作用是将元素的背景颜色设置为红色，其定义代码为：

```css
.background-color-red {
    background-color: red;
}
```

- .font-style-italic类的作用是将元素的字体风格设置为斜体，其定义代码为：

```css
.font-style-italic {
    font-style: italic;
}
```

在实践中，更多的工具类名称及其含义需要借助bootstrap.css文件或帮助文档来学习。

2. 响应式工具类

支持响应式页面布局的工具类称为响应式工具类。响应式工具可为响应式页面开发带来很大的方便，其命名格式如下：

```
.{utility}-{breakpoint}-{property}:{value};
```

其中各部分的含义如下。

- {utility}：工具类的名称，描述了该工具类的作用。
- {breakpoint}：媒体查询断点，表示在不同屏幕尺寸下应用该工具类的样式，断点值可以是xs、sm、md、lg、xl、xxl等，对应不同大小的设备。
- {property}：CSS 属性，描述了需要进行响应式调整的属性。
- {value}：CSS 属性的取值，表示在不同屏幕尺寸下该属性的取值。

例如，一个响应式工具类的命名如下：

```css
.text-align-md-center {
  text-align: center;
}
@media (min-width: 768px) {
  .text-align-md-center {
    text-align: center;
  }
}
```

在以上代码中，.text-align-md-center 表示在中型屏幕尺寸下设置文本居中对齐，且在大于或等于 768px 的屏幕尺寸下生效。这样的命名格式有助于开发和维护响应式页面的样式。

4.1.3 工具类的种类

Bootstrap工具类涵盖了各种不同类型的样式，可以帮助开发者构建各种各样的网页布局。以下是常见的Bootstrap工具类。

- 文本工具类：用于控制文本的样式和排版等。
- 颜色工具类：用于控制文字颜色、背景颜色。

- 边框工具类：用于控制元素边框的显示与隐藏、圆角边框等。
- 边距工具类：用于控制元素的外边距和内边距。
- 宽度和高度工具类：用于快速设置元素的宽度和高度。
- 显示和浮动工具类：用于控制元素的显示状态和浮动属性。

从下一节开始，我们将详细介绍Boostrap的各种工具类。

4.2 文本工具类

Bootstrap 的文本工具类提供了一系列快捷的方式来设置文本的外观和格式。这些工具类涵盖了对齐、换行、大小等多种属性，方便用户快速应用常见的文本样式。

4.2.1 文本对齐和换行

1. 文本对齐

Bootstrap定义了以下3个类，用于设置文本的水平对齐方式。

- .text-start类：文本左对齐。
- .text-center类：文本居中对齐。
- .text-end类：文本右对齐。

此外，还可以根据不同的屏幕尺寸应用不同的文本对齐方式，使用.text-sm-start、.text-md-start、.text-lg-start、.text-xl-start类设置文本左对齐。

上面的工具类支持响应式的页面设计，其语法格式如下：

```
.text-{breakpoint}-{start | center | end}
```

其中，breakpoint的取值为sm、md、lg、xl或xxl。

【示例4-1】设置在sm型设备上文本对齐和响应式对齐，应用效果如图4-1所示。

```
<div class="container">
  <h2 class="text-center">居中对齐</h2>
  <p class="text-center">这是居中对齐的文本内容。</p>
  <h2 class="text-start">左对齐</h2>
  <p class="text-start">这是左对齐的文本内容。</p>
  <h2 class="text-end">右对齐</h2>
  <p class="text-end">这是右对齐的文本内容。</p>
  <div class="text-sm-center text-md-end border">
    <h2>响应式对齐</h2>
    <p>text-sm-center text-md-end</p>
  </div>
</div>
</body>
```

图 4-1　文本对齐工具在 sm 型设备上的应用效果

2. 文本换行

如果元素盒子中的文本超出了元素盒子本身的宽度(默认情况下文本会自动换行)，使用.text-wrap 类可以实现文本自动换行。而使用.text-nowrap 类可以防止文本自动换行。这两个工具类的定义代码如下：

```css
.text-wrap {
    white-space: normal !important;
}
.text-nowrap {
    white-space: nowrap !important;
}
```

【示例4-2】演示应用.text-wrap类和.text-nowrap类，效果如图4-2所示。

```html
<body>
<div class="container" style="width:32rem;">
  <div class="custom-div text-wrap">
    <h2>.text-wrap类示例</h2>
    <p>这是一段超长的文本，如果没有.text-wrap类的支持，它将会超出容器的宽度并导致溢出。但是由于使用了.text-wrap类，这段文本将会自动换行，保证内容显示完整。</p>
  </div>
  <div class="custom-div text-nowrap" style="width:32rem;">
    <h2>.text-nowrap类示例</h2>
    <p>由于使用了.text-nowrap类，这段文本所有内容将会强制不换行，保持在一行内显示。</p>
  </div>
</div>
</body>
```

图 4-2　文本换行与不换行的效果对比

此外，与文本换行效果有关的类还有.text-truncate类和.text-break类。

1) .text-truncate类

如果较长的文本内容超出了元素盒子的宽度，.text-truncate类会以省略号的形式表示超出范围的文本，该类的定义代码如下：

```css
.text-truncate {
    overflow: hidden;
    text-overflow: ellipsis;
    white-space: nowrap;
}
```

这段代码的作用是当文本超出元素盒子宽度时，隐藏溢出的内容并显示省略号。其中，overflow:hidden;表示溢出部分隐藏，text-overflow:ellipsis;表示用省略号代表溢出文本，white-space: nowrap;表示文本不换行。这样，超出部分的文本就会被省略号代替。

2) .text-break类

使用.text-break类可以设置文字断行，该类的定义代码如下：

```css
.text-break {
    word-wrap: break-word;
    word-break: break-word;
}
```

以上代码定义了一个CSS类.text-break，并为其设置了两个属性word-wrap和word-break，且都被赋予了break-word的值。

- word-wrap: break-word;：这个属性规定当一个单词太长无法适应容器时如何处理。break-word 值会在单词内部进行断行，以防止单词内容溢出容器。
- word-break: break-word;：这个属性规定在单词内部如何换行。break-word值会在单词内的任意字符处进行换行，以使单词适应容器宽度。

在使用.text-break类时，文本会在必要的时候进行断行，确保文本内容不会超出元素边界而导致显示问题，使得长单词或字符序列能够适应容器的宽度。

【示例4-3】演示应用.text-truncate类和.text-break类，效果如图4-3所示。

```html
<body>
<div class="container">
```

```
        <div class="row">
            <div class="border border-primary" style="width: 320rem;">
                <p class="text-truncate">这是一段很长的文本,当浏览器窗口缩小时,将会显示省略号,以适应容器宽度。</p>
            </div>
        </div>
        <div class="row">
            <div class="border border-primary" style="width: 320rem;">
                <div class="col">
                    <p class="text-break">这是一段很长的文本,当浏览器窗口缩小时,文本内部将会进行断行以适应容器宽度。</p>
                </div>
            </div>
        </div>
    </div>
</body>
```

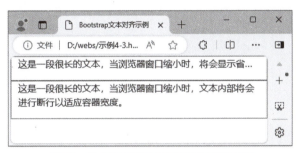

图4-3 文本显示省略号和文本断行效果对比

4.2.2 文本字号和转换

1. 文本字号

Bootstrap控制字号的类主要有以下几个,通过改变文字的font-size属性来改变字号。

- .fs-1类:设置font-size属性值为2.5rem。
- .fs-2类:设置font-size属性值为2rem。
- .fs-3类:设置font-size属性值为1.75rem。
- .fs-4类:设置font-size属性值为1.5rem。
- .fs-5类:设置font-size属性值为1.25rem。
- .fs-6类:设置font-size属性值为1rem。

【示例4-4】使用.fs-1类到.fs-6类设置文本字号,效果如图4-4所示。

```
<body>
<div class="container mt-5">
    <p class="fs-1">.fs-1 text</p>
    <p class="fs-2">.fs-2 text</p>
```

```
    <p class="fs-3">.fs-3 text</p>
    <p class="fs-4">.fs-4 text</p>
    <p class="fs-5">.fs-5 text</p>
    <p class="fs-6">.fs-6 text</p>
</div>
</body>
```

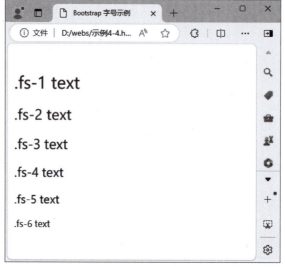

图 4-4　文本字号效果

2. 文本转换

在含有英文字符的文本中，使用.text-lowercase类、.text-uppercase类和.text-capitalize类可以实现英文字符的大小写转换。

- .text-lowercase类：用于将英文字符转换为小写。
- .text-uppercase类：用于将英文字符转换为大写。
- .text-capitalize类：用于将每个单词的首个英文字符转换为大写。

4.2.3　字体粗细和斜体

控制字体粗细和斜体的类主要是通过改变文字的font-weight和font-style属性来实现字体格式设置。

1. 字体粗细 (font-weight)

Bootstrap 提供了一系列类来控制字体粗细。

- .fw-normal：设置为普通字体粗细，等同于font-weight: 400。
- .fw-bold：设置为粗体，等同于 font-weight: 700。
- .fw-bolder：设置为比父元素更粗的字体，等同于font-weight: bolder。
- .fw-light：设置为轻体，等同于 font-weight: 300。
- .fw-lighter：设置为比父元素更轻的字体，等同于font-weight: lighter。

2. 字体斜体 (font-style)

Bootstrap 提供了以下类来控制字体的斜体。

- .fst-italic：设置为斜体，等同于 font-style: italic。
- .fst-normal：设置为普通字体样式(非斜体)，等同于font-style: normal。

Bootstrap的CSS文件中这些类的定义代码如下：

```
.fw-normal {
 font-weight: 400 !important;
}

.fw-bold {
 font-weight: 700 !important;
}

.fw-bolder {
 font-weight: bolder !important;
}

.fw-light {
 font-weight: 300 !important;
}

.fw-lighter {
 font-weight: lighter !important;
}

.fst-italic {
 font-style: italic !important;
}

.fst-normal {
 font-style: normal !important;
}
```

4.2.4 控制行高

Bootstrap控制行高的类通过改变文字的line-height属性来设置行高，包括以下几个类。

- .lh-1：设置为1倍行高，等同于 line-height: 1。
- .lh-sm：设置为紧凑行高，适合小尺寸文本，等同于 line-height: 1.25。
- .lh-base：设置为基础行高，通常用于大多数文本内容，等同于 line-height: 1.5。
- .lh-lg：设置为较大行高，适合大段落文本，等同于 line-height: 1.75。
- .lh-xl：设置为非常大的行高，适合极大的文本或标题，等同于 line-height: 2。

Bootstrap的CSS文件中这些类的定义代码如下：

```css
.lh-1 {
  line-height: 1 !important;
}

.lh-sm {
  line-height: 1.25 !important;
}

.lh-base {
  line-height: 1.5 !important;
}

.lh-lg {
  line-height: 1.75 !important;
}

.lh-xl {
  line-height: 2 !important;
}
```

4.2.5　文字修饰

文字修饰指的是为文字添加下画线或删除线，包括以下几个类。

- .text-decoration-none：用于移除文本上的所有修饰，特别是用于移除链接的下画线。
- .text-decoration-underline：用于给文本添加下画线，常用于强调或表示链接。
- .text-decoration-line-through：用于给文本添加删除线，通常用于表示删除或已完成的任务。

使用这些类时，用户只需要将它们添加到HTML元素的class属性中即可，例如：

```html
<!-- 移除文本修饰 -->
<a href="#" class="text-decoration-none">无修饰的链接</a>
<!-- 添加下画线 -->
<p class="text-decoration-underline">这是带有下画线的文本。</p>
<!-- 添加删除线 -->
<p class="text-decoration-line-through">这是带有删除线的文本。</p>
```

Bootstrap的CSS文件中这些类的定义代码如下：

```css
.text-decoration-none {
  text-decoration: none !important;
}
.text-decoration-underline {
```

```
    text-decoration: underline !important;
}
.text-decoration-line-through {
    text-decoration: line-through !important;
}
```

4.3 颜色工具类

Bootstrap 提供了一系列描述颜色的工具类，这些类使得设定文本、背景、链接以及边框的颜色变得非常简便。这些颜色工具类遵循一定的命名约定，比如：.text-{color}类用于设置文本颜色，.bg-{color}类用于设置背景颜色，.link-{color}类用于设置链接颜色，.border-{color}类用于设置边框颜色。使用这些工具类，设计者可以轻松地为网页元素添加色彩，增强视觉效果。

4.3.1 文本颜色和背景颜色

.text-{color}类用于设置文本颜色，.bg-{color}类用于设置背景颜色。文本颜色类主要使用语义化的颜色名称表示，如表4-2所示。

表4-2 文本颜色类说明

文本颜色类	说 明	文本颜色类	说 明
.text-primary	表示主色(蓝色)	.text-info	表示信息(浅蓝色)
.text-secondary	表示次色(灰色)	.text-warning	表示警告(浅黄色)
.text-success	表示成功(浅绿色)	.text-light	表示浅色(浅灰色)
.text-danger	表示危险(浅红色)	.text-dark	表示深色(深灰色)

Bootstrap中背景颜色的工具类和文本颜色工具类相似，也有.bg-primary、.bg-secondary、.bg-success、.bg-danger、.bg-info、.bg-warning、.bg-light、.bg-dark等。下面通过一个示例来详细介绍。

【示例4-5】为登录页面设置背景颜色为 bg-light 时，文本颜色应配置为深灰色(.text-dark)，以确保文本在浅色背景上清晰可读，如图4-5所示。

```
<body>
    <div class="container mt-5">
        <div class="row justify-content-center">
            <div class="col-md-6">
                <div class="card bg-light text-dark ">
                    <div class="card-body">
```

```html
      <h2 class="card-title">登录</h2>
      <form>
        <div class="mb-3">
          <label for="username" class="form-label">用户名</label>
          <input type="text" class="form-control" id="username">
        </div>
        <div class="mb-3">
          <label for="password" class="form-label">密码</label>
          <input type="password" class="form-control" id="password">
        </div>
        <button type="submit" class="btn btn-primary">登录</button>
      </form>
    </div>
   </div>
  </div>
 </div>
</div>
```

图 4-5　颜色工具类应用于登录页面

4.3.2　链接颜色

Bootstrap提供了链接颜色工具类，用.link-{color}表示，包括.link-primary、.link-secondary、.link-success、.link-danger、.link-warning、.link-info、.link-light、.link-dark、.link-muted等。链接颜色工具类提供了对应的悬浮(hover)样式和焦点(focus)样式。以.link-primary类为例，其定义代码如下：

```css
.link-primary {
  color: #0d6efd;
  text-decoration: none;
}
.link-primary:hover,
.link-primary:focus {
  color: #0a58ca;
```

```
   text-decoration: underline;
}
```

【示例4-6】 在背景颜色为.bg-dark时，设置不同的链接颜色，如图4-6所示。

```
<body class="bg-dark mt-5">
 <div class="container">
  <a href="#" class="link-secondary">次要链接</a><br>
  <a href="#" class="link-success">成功链接</a><br>
  <a href="#" class="link-danger">危险链接</a><br>
  <a href="#" class="link-warning">警告链接</a><br>
  <a href="#" class="link-info">信息链接</a><br>
  <a href="#" class="link-light">浅色链接</a><br>
  <a href="#" class="link-dark">深色链接</a><br>
  <a href="#" class="link-muted">柔和链接</a><br>
 </div>
</body>
```

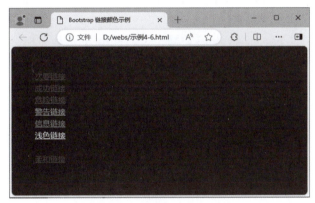

图 4-6　链接颜色类应用效果

此外，Bootstrap 5还预定义了控制按钮颜色的类，包括.btn-primary、.btn-secondary、.btn-success、.btn-danger、.btn-warning、.btn-info、.btn-light、.btn-dark。以.btn-dark类为例，其定义代码如下：

```
.btn-dark {
 color: #fff;
 background-color: #343a40;
 border-color: #343a40;
}
```

Bootstrap 提供了多种控制警告框颜色的类，包括 .alert-primary、.alert-secondary、.alert-success、.alert-danger、.alert-warning、.alert-info、.alert-light、.alert-dark。这些类能够帮助开发者根据不同的场景和需求，为警告框赋予特定的颜色和意义。以 .alert-dark 为例，其定义代码如下：

```
.alert-dark {
  color: #fff;
  background-color: #343a40;
  border-color: #343a40;
}
```

4.4 边框工具类

Bootstrap 5提供了一系列边框工具类，可以方便开发者为元素添加或移除边框，并支持四周或单侧的边框设置。除了基本的边框设置，Bootstrap还提供了用于设计圆角边框的工具类。

4.4.1 添加与删除边框

使用.border类可以为元素添加完整的边框。如果仅需要为某一侧添加边框，可以使用.border-{side}类。side可以取值为top、end、bottom、start，分别表示上边框、右边框、下边框、左边框。

边框的宽度可通过.border-{value}类来设置，value的取值范围为0～5。当value为0时，表示删除边框。若要删除特定一侧的边框，可以使用.border-{side}-0类。

【示例4-7】通过以下代码为 div 元素添加边框。

```
<style>
    .custom-div {
        width: 100px;
        height: 220px;
        float: left;
        margin-left: 12px;
    }
</style>
</head>
<body class="container">
    <h4 class="mb-4">.border及相关类</h4>
    <div class="custom-div border border-1 border-dark bg-warning">border</div>
    <div class="custom-div border-top border-2 border-dark bg-warning">border-top</div>
    <div class="custom-div border-end border-3 border-dark bg-warning">border-end</div>
    <div class="custom-div border-bottom border-4 border-dark bg-warning">border-bottom</div>
    <div class="custom-div border-start border-5 border-dark bg-warning">border-start</div>
    <script src="https://cdn.jsdelivr.net/npm/bootstrap@5.3.0/dist/js/bootstrap.bundle.min.js"></script>
</body>
```

边框效果如图4-7所示。在此示例中，使用.border-{value}类定义边框的宽度，

border-start 和border-end类分别表示左边框和右边框。要设置边框颜色，可以使用.border-{color}类。

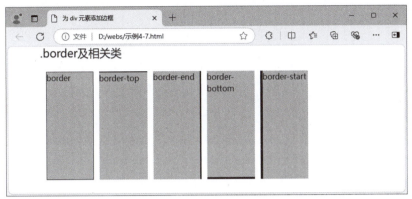

图4-7　边框工具类的应用效果

【示例4-8】删除元素边框。

```
<body class="container">
    <h4 class="mb-4">.border-{side}-0 类</h4>
    <div class="border border-0 border-dark bg-warning">border-0</div>
    <div class="border border-2 border-top-0 border-dark bg-warning">border-top-0</div>
    <div class="border border-2 border-end-0 border-dark bg-warning">border-end-0</div>
    <div class="border border-2 border-bottom-0 border-dark bg-warning">border-bottom-0</div>
    <div class="border border-2 border-start-0 border-dark bg-warning">border-start-0</div>
</body>
```

4.4.2　圆角边框

.rounded 类用于为元素添加圆角边框。要为元素的某一侧添加圆角边框，可以使用.rounded-{side} 类，其中 side 可以取值为 top、end、bottom、start，分别用于为元素的上边、右边、下边和左边添加圆角。

此外，side 还可以取值为 circle 和 pill，分别用于将元素设置为圆形和椭圆形。以下是 Bootstrap 5 中关于圆角边框的工具类定义：

```
.rounded {
    border-radius: 0.25rem !important;
}
.rounded-top {
    border-top-left-radius: 0.25rem !important;
    border-top-right-radius: 0.25rem !important;
}
.rounded-end {
    border-top-right-radius: 0.25rem !important;
    border-bottom-right-radius: 0.25rem !important;
```

```
    }
    .rounded-bottom {
        border-bottom-right-radius: 0.25rem !important;
        border-bottom-left-radius: 0.25rem !important;
    }
    .rounded-start {
        border-bottom-left-radius: 0.25rem !important;
        border-top-left-radius: 0.25rem !important;
    }
    .rounded-circle {
        border-radius: 50% !important;
    }
    .rounded-pill {
        border-radius: 50rem !important;
    }
```

【示例4-9】为 div 元素添加圆角边框。

```
</head>
<style>
div {
    width: 120px;
    height: 120px;
    float: left;
    margin: 12px;
    padding-top: 28px;
}
</style>
<body class="container">
    <h4 class="mb-4">.rounded 类和 .rounded-{side} 类</h4>
    <div class="border border-primary rounded bg-warning ">rounded</div>
    <div class="border border-primary rounded-0 bg-warning ">rounded-0</div>
    <div class="border border-primary rounded-top bg-warning ">rounded-top</div>
    <div class="border border-primary rounded-end bg-warning ">rounded-end</div>
    <div class="border border-primary rounded-3 bg-warning ">rounded-3</div>
    <div class="border border-primary border-2 rounded-circle bg-warning ">rounded-circle</div>
    <div class="border border-primary border-2 rounded-pill bg-warning ">rounded-pill</div>
</body>
```

添加圆角边框的效果如图4-8所示。在本示例中，使用 .rounded-3类定义圆角的大小，应用于所有4个圆角。需要注意的是，.border 类用于添加边框，.border-2类用于设置边框的宽度。

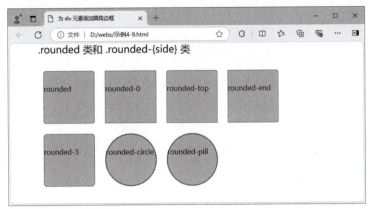

图4-8　圆角边框工具类的应用效果

4.5 边距工具类

Bootstrap 5 提供了一系列用于设置外边距(margin)和内边距(padding)的工具类，方便开发者快捷地调整页面外观。这些工具类支持响应式页面布局，使得设计更加直观便捷。

4.5.1 外边距和内边距

在CSS中，margin属性用于设置元素的外边距，而padding属性用于设置元素的内边距。在 Bootstrap 5 中，边距工具类的语法格式如下：

.m{side}-{value} 或 .p{side}-{value}

其中，m表示margin，p表示padding。side用于指定具体的边，取值如下：

- t 表示margin-top或padding-top。
- b 表示margin-bottom或padding-bottom。
- s 表示margin-left或padding-left。
- e 表示margin-right或padding-right。
- x 表示左右两边(margin-left、margin-right 或 padding-left、padding-right)。
- y 表示上下两边(margin-top、margin-bottom 或 padding-top、padding-bottom)。
- (空)表示同时设定四边的margin或padding。

value的取值范围为0～5，用于指定具体的margin或padding值。其中，0表示margin 或 padding的值为0，1表示0.25rem，2表示0.5rem，3表示1rem，4表示1.5rem，5表示3rem。

此外，Bootstrap 5 还包括.mx-auto类，表示margin: auto。

【示例4-10】使用.m{side}-{value}类和.p{side}-{value}类设置外边距和内边距，效果如图4-9所示。

```
<style>
.box {
    width: 8rem;
```

```
        height: 5rem;
        font-size: 0.9rem;
    }
    </style>
<body>
    <h4 class="mb-4">使用.m{side}-{value} 类和 .p{side}-{value} 类</h4>
    <div class="container border border-2">
        <div class="box border border-primary ms-2 ps-2 bg-warning">ms-2 ps-2</div>
        <div class="box border border-primary ms-4 p-3 bg-warning">ms-4 p-3</div>
        <div class="box border border-primary mx-auto pt-4 bg-warning">mx-auto pt-4</div>
    </div>
</body>
```

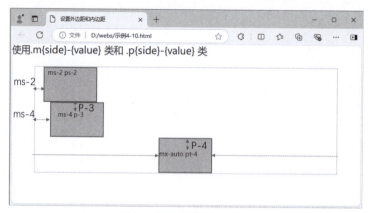

图 4-9　边距工具类应用效果

为了获得良好的显示效果，以上代码为.box类设计了样式，包含div元素的宽度、高度和字体大小设置。

4.5.2　响应式边距

与margin和padding相关的工具类支持响应式页面设计，其语法格式如下：

.m{side}-{breakpoint}-{value} 或 .p{side}-{breakpoint}-{value}

其中，breakpoint的取值可以是xs、sm、md、lg、xl、xxl 等，value 的取值范围为0~5。

【示例4-11】在中型设备(md)上实现响应式外边距和内边距的效果。

```
<body class="container">
    <h4 class="my-2">响应式边距</h4>
    <div class="border border-2">
        <div class="box border border-primary m-sm-2 p-sm-2 m-md-4 p-md-4 bg-warning" style="width: 12rem; height: 6remg">
            m-sm-2 p-sm-2<br>
            m-md-4 p-md-4
```

```
        </div>
    </div>
</body>
```

当页面在小型设备(sm)上显示时,外边距和内边距的值均为0.5rem;而在中型设备(md)上显示时,这些值则为1.5rem。

4.6 宽度和高度工具类

在 Bootstrap 5 中,元素的宽度和高度通常使用相对于父元素的百分比来表示,其语法格式如下:

.w-{value} 或 .h-{value}

其中,value可以取值为25%、50%、75%、100%和auto。以下是一些样式定义的代码示例:

```
.w-25 {
    width: 25% !important;
}
.w-50 {
    width: 50% !important;
}
.w-75 {
    width: 75% !important;
}
.w-100 {
    width: 100% !important;
}
.w-auto {
    width: auto !important;
}
.h-25 {
    height: 25% !important;
}
.h-50 {
    height: 50% !important;
}
.h-75 {
    height: 75% !important;
}
.h-100 {
    height: 100% !important;
}
```

```
.h-auto {
    height: auto !important;
}
```

【示例4-12】应用 .w-{value} 类，效果如图4-10所示。

```html
<body class="container">
    <h4 class="mb-2">.w-{value} 类</h4>
    <div class="bg-warning text-white mb-4">
        <div class="w-25 p-2 bg-primary border-bottom">w-25</div>
        <div class="w-50 p-2 bg-primary border-bottom">w-50</div>
        <div class="w-75 p-2 bg-primary border-bottom">w-75</div>
        <div class="w-100 p-2 bg-primary border-bottom ms-2">w-100</div>
        <div class="w-auto p-2 bg-primary ms-2">w-auto</div>
    </div>
</body>
```

在这个示例中，需要注意.w-100类和.w-auto类的区别：.w-100 类忽略margin-left和margin-right的属性值，因此元素的宽度总是与父元素的宽度一致；而.w-auto 类在计算宽度时包含margin-left和margin-right的属性值，使用.w-auto类的元素总是占据整行。为了体现这个区别，示例代码中增加了.ms-2类。用户可以尝试从代码中删除 .ms-2 类，然后观察其显示效果。

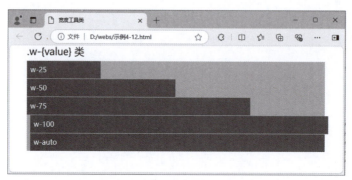

图 4-10　.w-{value} 类的应用效果

除了上面提到的类，宽度和高度的工具类还包括以下两个类，其定义代码如下：

```
.mw-100 {
    max-width: 100% !important;
}
.mh-100 {
    max-height: 100% !important;
}
```

其中，.mw-100类用于设置最大宽度，.mh-100类用于设置最大高度。它们的典型应用场景是调整容器中的图片尺寸。通常，外部容器的大小是固定的，而内部图片的大小可能不固定。通过为图片添加.mw-100 和 .mh-100 类，可以确保图片不会超出外层容器，以免影响页面布局。

【示例4-13】应用.mw-100类和.mh-100类，效果如图4-11所示。

```
<body class="container">
    <h4 class="mb-4">.mw-100 类和 .mh-100 类</h4>
    <div style="width: 350px; height: 310px;" class="border border-primary">
        <img src="image/ank01.png" alt="家居" class="mw-100 mh-100">
    </div>
</body>
```

用户可以尝试从代码中删除 class="mw-100 mh-100"，然后观察页面的显示效果变化。

图 4-11 .mw-100 类和 .mh-100 类的应用效果

4.7 显示和浮动工具类

显示工具类与CSS的display属性相关，用于切换元素的显示和隐藏状态。浮动工具类则对应 CSS 的 float 属性，主要用于实现页面布局。

4.7.1 显示工具类

Bootstrap 的显示工具类通过.d-{value}、.d-{breakpoint}-{none|block}等语句，灵活控制元素在不同显示场景和屏幕断点下的可见性和布局模式。

1. .d-{value} 类

在Bootstrap 5中，显示工具类使用.d-{value}的语法格式，其中{value}是display属性的可选值，其具体含义如下。

- none：用于隐藏元素。
- inline：显示为内联元素。
- inline-block：显示为行内块元素。
- block：显示为块级元素。
- grid：显示为栅格元素。

- table：将元素显示为块级表格。
- table-cell：将元素显示为表格单元格。
- table-row：将元素显示为表格行。
- flex：将元素显示为弹性盒子。
- inline-flex：将元素显示为内联块级弹性盒子。

【示例4-14】应用.d-inline类、.d-inline-block类、.d-block类和.d-table-cell类，效果如图4-12所示。

```html
<style>
  span, div {
    height: 30px;
  }
</style>
<body class="container">
  <h3>.d-{value} 类</h3>
  <p>.d-inline 类</p>
  <div class="d-inline bg-primary text-white">.d-inline</div>
  <div class="d-inline m-5 bg-danger text-white">.d-inline</div>
  <p>.d-inline-block 类</p>
  <div class="d-inline-block bg-primary text-white">.d-inline-block</div>
  <div class="d-inline-block bg-danger text-white">.d-inline-block</div>
  <p>.d-block 类</p>
  <span class="d-block bg-primary text-white">.d-block</span>
  <span class="d-block bg-danger text-white">.d-block</span>
  <p>.d-table-cell 类</p>
  <div class="d-table-cell bg-primary text-white">.d-table-cell</div>
  <div class="d-table-cell bg-danger text-white">.d-table-cell</div>
</body>
```

可以看出，.d-inline 类、.d-block 类、.d-inline-block 类、.d-table-cell 类具有以下特点。

- .d-inline 类用于将元素设置为内联元素，具有内联元素的特性，即可以与其他内联元素共享一行而不独占一行。需要注意的是，无法更改使用 .d-inline 类的元素的高度和宽度，元素的大小由其内容决定。
- .d-block 类用于将元素设置为块级元素，独占一行。在没有指定宽度时，块级元素的宽度默认等于父元素的宽度；可以改变元素的高度和宽度，并设置 padding 和 margin。
- .d-inline-block 类结合了内联元素和块级元素的特点，它是一个内联元素，但可以设置高度和宽度，也可以设置 padding 和 margin，即它是不独占一行的块级元素。
- .d-table-cell 类将元素显示为单元格，具有 .d-inline-block 类的特性。

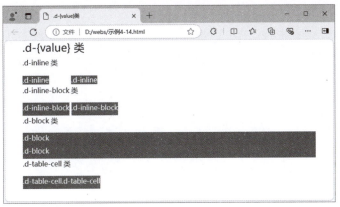

图 4-12 .d-{value} 类应用效果

2. .d-{breakpoint}-{none|block} 类

.d-{none|block} 类支持响应式地显示和隐藏元素,能够为同一页面创建面向不同设备的版本。实现响应式设计的工具类语法格式为 .d-{breakpoint}-{none|block},其中 breakpoint 的取值可以是sm、md、lg、xl、xxl 等。如果希望在某类设备上隐藏元素,可以使用.d-{breakpoint}-none 类;而要在指定设备上显示元素,可以组合使用.d-{breakpoint}-none类和 .d-{breakpoint}-block 类。例如,.d-none .d-md-block .d-xl-none表示元素仅在md型设备上可见,而在其他类型的设备上隐藏。

表4-3所示为显示和隐藏元素的组合类及其功能。

表4-3 显示和隐藏元素的组合类

组 合 类	说 明
.d-none	在所有类型的设备上隐藏元素
.d-none.d-sm-block	仅在 xs 型设备上隐藏元素
.d-sm-none.d-md-block	仅在 sm 型设备上隐藏元素
.d-md-none.d-lg-block	仅在 md 型设备上隐藏元素
.d-lg-none.d-xl-block	仅在 lg 型设备上隐藏元素
.d-xl-none.d-xxl-block	仅在 xl 型设备上隐藏元素
.d-xxl-none	仅在 xxl 型设备上隐藏元素
.d-block	在所有类型的设备上显示元素
.d-block.d-sm-none	仅在 xs 型设备上显示元素
.d-none.d-sm-block.d-md-none	仅在 sm 型设备上显示元素
.d-none.d-md-block.d-lg-none	仅在 md 型设备上显示元素
.d-none.d-lg-block.d-xl-none	仅在 lg 型设备上显示元素
.d-none.d-xl-block.d-xxl-none	仅在 xl 型设备上显示元素
.d-none.d-xxl-block	仅在 xxl 型设备上显示元素

【示例4-15】响应式显示和隐藏元素。

```html
<style>
div {
    height: 60px;
}
</style>
<body class="container">
    <h4>使用d-{value} 类和 d-{breakpoint}-{value} 类</h4>
    <div class="d-md-none bg-success text-white">
        one：在 md、lg、xl、xxl 设备上隐藏(浅绿色背景)
    </div>
    <div class="d-none d-md-block bg-primary text-white">
        two：在 md、lg、xl、xxl 设备上显示(蓝色背景)
    </div>
    <div class="d-md-none d-xl-block bg-secondary text-white">
        three：在 xs、sm、xl、xxl 设备上显示(灰色背景)
    </div>
</body>
```

运行上述代码后，在实现的网页中可以观察到以下现象。

- one部分在md型以下的设备上显示。
- two部分在md型及以上的设备上显示。
- three部分仅在md型和lg型设备上隐藏。

在浏览器中按下F12键，可以方便地调整窗口大小，以模拟不同类型设备的宽度，从而查看不同设备上的显示效果。

4.7.2 浮动工具类

在Bootstrap 5中，可以使用.float-start类和.float-end 类来使元素分别向左或向右浮动。为了防止浮动元素对页面布局产生影响，建议在父容器中使用 .clearfix 类来清除浮动效果。

浮动工具类支持响应式设计，其语法格式如下：

.float-{breakpoint}-{start|end|none}

breakpoint的取值可以是sm、md、lg、xl、xxl 等，用于在不同设备上设置元素的浮动方向或取消浮动。

【示例4-16】应用浮动工具类。

```html
<body class="container">
    <h3 class="my-4">.float-{start|end} 工具类</h3>
    <div class="clearfix text-white border border-primary p-2">
        <div class="float-start p-2 bg-primary">float-start</div>
        <div class="float-end p-2 bg-primary">float-end</div>
```

```html
    </div>
    <h3 class="my-4">.float-{breakpoint}-{start|end} 工具类</h3>
    <div class="clearfix text-white border border-primary p-2">
        <div class="float-md-start p-2 bg-primary">float-md-start</div>
        <div class="float-md-end p-2 bg-primary">float-md-end</div>
    </div>
</body>
```

4.8 其他工具类

Bootstrap 5还提供了位置工具类和阴影工具类，下面对其展开介绍。

4.8.1 位置工具类

位置工具类用于设置元素的 position 属性，该属性在CSS中对应五种定位方式：静态定位、相对定位、绝对定位、固定定位和黏性定位。Bootstrap 5中位置工具类的定义代码如下：

```css
.position-static {
    position: static !important;
}
.position-relative {
    position: relative !important;
}
.position-absolute {
    position: absolute !important;
}
.position-fixed {
    position: fixed !important;
}
.position-sticky {
    position: -webkit-sticky !important;
    position: sticky !important;
}
```

4.8.2 阴影工具类

阴影工具类用于设置盒子的 box-shadow 属性，可以增加或删除阴影效果。相关工具类及其定义代码如下：

```css
.shadow {
    box-shadow: 0 0.5rem 1rem rgba(0, 0, 0, 0.15) !important;
}
.shadow-sm {
```

```
    box-shadow: 0 0.125rem 0.25rem rgba(0, 0, 0, 0.075) !important;
}
.shadow-lg {
    box-shadow: 0 1rem 3rem rgba(0, 0, 0, 0.175) !important;
}
.shadow-none {
    box-shadow: none !important;
}
```

除了上述阴影工具类,还有用于控制内容溢出的工具类,如 .overflow-auto、.overflow-hidden、.overflow-visible、.overflow-scroll 等。此外,还有用于实现垂直对齐的工具类,如 .align-baseline、.align-top、.align-middle、.align-bottom 等。

4.9 案例演练——旅行社旅游平台网页

本章主要介绍了工具类的功能和使用方法,这些工具在网页设计和开发中起着至关重要的作用。在案例演练部分,我们将通过制作一个旅行社旅游平台网页,来帮助用户巩固所学知识,进一步掌握在网页中设计文本、颜色、边框、边界的方法。

4.9.1 案例概述

旅行社旅游平台网站项目是在一个完善的技术平台支持下,创建的一个综合性在线服务平台,旨在为用户提供流畅且便捷的旅游信息发布、浏览和分享功能。通过整合丰富的旅游资源,平台允许用户轻松访问和探索各种旅行产品,包括多个目的地的旅游线路、酒店住宿、交通服务以及当地特色活动等。

1. 案例效果

本案例制作的网页效果如图4-13所示。

2. 网站结构

本案例的目录文件结构及其说明如下:

- bootstrap-5.3.0:包含 Bootstrap 5.3.0 框架的核心文件,支持现代响应式设计和丰富的 UI 组件。
- font-awesome-4.7.0:提供图标字体库文件,用于增强页面的视觉效果。
- css:存放样式表文件,自定义和扩展页面的布局及视觉效果。

图4-13 旅行社旅游平台网页

- js：包含 jQuery 库文件，增强网页的交互性与动态效果。
- image：存储图片素材，为网站提供丰富的视觉和品牌元素。
- index.html：网站的主页面，作为整个网站的核心入口文件。

4.9.2 设计网页头部

旅行社旅游平台网页的头部内容元素丰富，涵盖了网站的标志、名称、搜索框、导航按钮、登录注册按钮以及推荐语。为实现高效布局，标志、网站名称、搜索框、导航按钮和登录注册按钮采用了网格系统，并利用Flex实用程序类进行合理排列。推荐语部分则巧妙地运用了Bootstrap的警告框和旋转器组件，提升了用户体验和视觉效果。

```html
<!doctype html>
<html lang="zh-cn">
<head>
    <meta charset="utf-8">
    <meta name="viewport" content="width=device-width, initial-scale=1">
    <title>浮动工具类</title>
    <link rel="stylesheet" href="bootstrap-5.3.0-alpha1-dist/css/bootstrap.css">
    <link rel="stylesheet" href="https://cdnjs.cloudflare.com/ajax/libs/font-awesome/6.4.2/css/all.min.css">
</head>
<body>
    <div class="container mt-5">
      <div class="header">
        <div class="row align-items-center">
          <div class="col-md-6 d-flex align-items-center">
            <i class="fa-solid fa-map-marker fa-2x text-danger me-3"></i>
            <div>
              <h3 class="header-size m-0">
                <a href="#" class="text-white text-decoration-none">天空旅行社</a>
              </h3>
              <span><a href="#" class="text-white text-decoration-none">SkyTravel</a></span>
            </div>
          </div>
          <div class="col-md-6">
            <div class="d-flex justify-content-end">
              <input type="search" class="form-control me-2" placeholder="搜索旅行目的地">
              <a href="#" class="btn btn-success"><i class="fa-solid fa-search"></i></a>
            </div>
          </div>
        </div>
        <div class="row mt-4">
          <div class="col">
            <ul class="nav size1 justify-content-center">
```

```html
                <li class="nav-item"><a class="nav-link" href="#">热门旅行路线</a></li>
                <li class="nav-item"><a class="nav-link" href="#">特色旅行项目</a></li>
                <li class="nav-item"><a class="nav-link" href="#">旅行指南</a></li>
            </ul>
        </div>
    </div>
    <div class="row mt-4">
        <div class="col-md-6">
            <a href="#" class="btn btn-warning me-2">首页</a>
            <a href="#" class="btn btn-warning me-2">国内游</a>
            <a href="#" class="btn btn-warning me-2">出境游</a>
            <a href="#" class="btn btn-warning me-2">自由行</a>
            <a href="#" class="btn btn-warning">定制游</a>
        </div>
        <div class="col-md-6 text-end">
            <a href="#" class="btn btn-warning me-2">登录</a>
            <a href="#" class="btn btn-warning">注册</a>
        </div>
    </div>
    <div class="alert alert-success mt-4 mb-0">
        <div class="d-flex align-items-center">
            <div class="spinner-border spinner-border-sm text-info me-2">
                <span class="visually-hidden">Loading...</span>
            </div>
            <p class="mb-0">如果您喜欢天空旅行社，请推荐给更多的旅行爱好者！</p>
        </div>
    </div>
  </div>
 </div>
</body>
</html>
```

设计样式代码如下：

```html
<style>
    body {
        font-family: 'Segoe UI', Tahoma, Geneva, Verdana, sans-serif;
        background-color: #f0f4f8;
        margin: 0;
        padding: 0;
    }
    .header {
        width: 100%; /* 确保头部占满整个页面宽度 */
        background-color: rgba(255, 255, 255, 0.9);
```

```css
        background-image: url('D:/webs/images/bg.jpg');
        background-size: cover;
        background-repeat: no-repeat;
        padding: 220px 20px;
        box-shadow: 0 8px 16px rgba(0,0,0,0.2);
        backdrop-filter: blur(5px);
    }
    .header-size {
        font-size: 2rem;
        font-weight: bold;
    }
    .text-white {
        color: white !important;
    }
    .size1 a {
        color: #2980b9;
    }
    .size1 a:hover {
        color: #3498db;
    }
    .nav-link {
        transition: color 0.3s;
        color: #2c3e50;
    }
    .nav-link:hover {
        color: #e74c3c;
    }
    .btn-warning {
        transition: background-color 0.3s, transform 0.3s;
        background-color: #f39c12;
    }
    .btn-warning:hover {
        background-color: #e67e22;
        transform: translateY(-2px);
    }
    .form-control:focus {
        border-color: #3498db;
        box-shadow: 0 0 0 0.2rem rgba(52, 152, 219, 0.25);
    }
</style>
```

在浏览器中运行网页，效果如图4-14所示。

图 4-14　网页头部效果

4.9.3　设计轮播

本例采用了 Bootstrap 的轮播组件进行设计，旨在展示图片内容。在设计过程中，选择不添加任何自定义样式，以保持组件的简洁性和一致性。同时，为了使视觉效果更加清晰，我们也删除了 Bootstrap 自带的标题和文本说明。这种做法使得轮播的重点更加突出，用户能够更专注于图片本身，从而提升了用户的整体体验。我们的目标是通过这一设计方式，简单而有效地传达信息，不干扰用户的视线。

代码如下：

```
<div id="carouselExample" class="carousel slide" data-bs-ride="carousel">
  <!-- 标识图标 -->
  <ol class="carousel-indicators">
    <li data-bs-target="#carouselExample" data-bs-slide-to="0" class="active"></li>
    <li data-bs-target="#carouselExample" data-bs-slide-to="1"></li>
    <li data-bs-target="#carouselExample" data-bs-slide-to="2"></li>
  </ol>

  <!-- 幻灯片 -->
  <div class="carousel-inner">
    <div class="carousel-item active">
      <img src="images/11.jpg" class="d-block w-100" alt="Slide 1">
    </div>
    <div class="carousel-item">
      <img src="images/12.jpg" class="d-block w-100" alt="Slide 2">
    </div>
    <div class="carousel-item">
      <img src="images/10.jpg" class="d-block w-100" alt="Slide 3">
    </div>
  </div>

  <!-- 控制按钮 -->
```

```
    <a class="carousel-control-prev" href="#carouselExample" role="button" data-bs-slide="prev">
      <span class="carousel-control-prev-icon" aria-hidden="true"></span>
      <span class="visually-hidden">Previous</span>
    </a>
    <a class="carousel-control-next" href="#carouselExample" role="button" data-bs-slide="next">
      <span class="carousel-control-next-icon" aria-hidden="true"></span>
      <span class="visually-hidden">Next</span>
    </a>
</div>
```

实现的网页效果如图4-15所示。

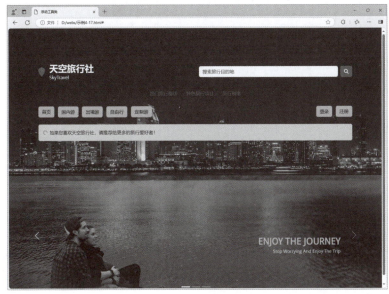

图 4-15　轮播效果

4.9.4　设计分类列表

本项目利用Bootstrap 5设计了一个响应式的旅行地点分类列表。每行分为四列，分别占据网格系统的 4、4、2 和 2 份，包含标题和内容框。标题部分使用了card-header类，并自定义了样式；内容部分通过超链接设计，应用了btn类和自定义的btn-color4类，并添加了伪类:hover以实现交互效果。

代码如下：

```
<div class="container my-3">
  <div class="row">
    <div class="col-4">
      <h5 class="card-header">热门目的地</h5>
      <div class="bg-white">
        <a href="#" class="btn btn-color4">本周热选</a>
        <a href="#" class="btn btn-color4">历史经典</a>
```

```html
            <a href="#" class="btn btn-color4">最新发布</a>
            <a href="#" class="btn btn-color4">评分最高</a>
            <a href="#" class="btn btn-color4">亲子游精选</a>
            <a href="#" class="btn btn-color4">冒险之旅</a>
        </div>
    </div>
    <div class="col-4">
        <h5 class="card-header">按类型</h5>
        <div class="bg-white">
            <a href="#" class="btn btn-color4">海滩度假</a>
            <a href="#" class="btn btn-color4">城市游</a>
            <a href="#" class="btn btn-color4">文化体验</a>
            <a href="#" class="btn btn-color4">探险旅行</a>
            <a href="#" class="btn btn-color4">休闲旅行</a>
            <a href="#" class="btn btn-color4">生态旅游</a>
            <a href="#" class="btn btn-color4">背包旅行</a>
            <a href="#" class="btn btn-color4">奢华旅行</a>
            <a href="#" class="btn btn-color4">浪漫之旅</a>
        </div>
    </div>
    <div class="col-2">
        <h5 class="card-header">按地区</h5>
        <div class="bg-white">
            <a href="#" class="btn btn-color4">亚洲</a>
            <a href="#" class="btn btn-color4">欧洲</a>
            <a href="#" class="btn btn-color4">北美</a>
            <a href="#" class="btn btn-color4">南美</a>
            <a href="#" class="btn btn-color4">非洲</a>
            <a href="#" class="btn btn-color4">大洋洲</a>
        </div>
    </div>
    <div class="col-2">
        <h5 class="card-header">旅行主题</h5>
        <div class="bg-white">
            <a href="#" class="btn btn-color4">冒险旅行</a>
            <a href="#" class="btn btn-color4">文化之旅</a>
            <a href="#" class="btn btn-color4">美食旅行</a>
            <a href="#" class="btn btn-color4">自然探索</a>
            <a href="#" class="btn btn-color4">志愿旅行</a>
            <a href="#" class="btn btn-color4">背包旅行</a>
            <a href="#" class="btn btn-color4">豪华旅行</a>
            <a href="#" class="btn btn-color4">家庭旅行</a>
```

```
            </div>
        </div>
    </div>
</div>
```

设计样式代码如下：

```
.btn-color4:hover {
    background-color: #f0f0f0; /* 示例悬停效果 */
}
.card-header {
    background-color: #f8f9fa;
    border-bottom: 2px solid #dee2e6;
    border-radius: 0.25rem;
    padding: 10px;
    font-weight: bold;
    font-size: 1.25rem;
    text-align: center;
}
.bg-white {
    background-color: #ffffff;
    padding: 20px;
    border-radius: 5px;
    box-shadow: 0 2px 8px rgba(0,0,0,0.1);
    margin-bottom: 20px;
}
.btn-color4 {
    background-color: #007bff; /* 替换为所需颜色 */
    color: #ffffff;
    margin: 5px 0;
    width: 100%;
    transition: background-color 0.3s, box-shadow 0.3s;
}
.btn-color4:hover {
    background-color: #0056b3;
    box-shadow: 0 4px 10px rgba(0,0,0,0.2);
}
.container {
    max-width: 1200px;
    margin: auto;
    padding: 20px;
}
```

实现的网页效果如图4-16所示。

图 4-16　分类列表效果

4.9.5　设计"旅游景点"页面

本项目的"旅游景点"页面采用简洁明了的双栏布局,通过Bootstrap网格系统将内容划分为左右两部分。左侧为最新图片展示区,占据9份宽度,精选呈现最新的旅游相关资讯。在此区域,我们进一步嵌套了网格系统,以四列三栏的形式排布,每列内容包括精美图片缩略图及简要说明,力求为用户提供直观清晰的浏览体验。

"旅游景点"页面右侧为对应景点的热度排行榜,占据3份宽度,帮助用户快速了解和定位最受欢迎的视频内容。通过这一设计,打造一个既丰富又便捷的旅游视频专区,让网页的浏览者在光影中尽情领略世界各地的美景与文化。

1. 左侧展示部分

页面左侧部分的代码如下:

```
<div class="row p-3 scale">
  <div class="col-9 bg-white p-3">
    <div class="d-flex justify-content-between">
      <div>
        <h3>
          <div class="border mr-2"></div>
          最新旅游视频与图片
        </h3>
      </div>
      <div>
        <a href="#" class="btn btn-outline-danger btn-sm">更多</a>
      </div>
    </div>
    <div class="row no-gutters">
```

```html
<div class="col-3 p-1">
    <img src="images/tourism1.png" alt="英国" class="img-fluid">
    <h5 class="color1">探索英国</h5>
    <p class="color2">沉浸在英伦的古典与现代之间,感受历史的厚重与现代的活力。</p>
</div>
<div class="col-3 p-1">
    <img src="images/tourism2.png" alt="意大利" class="img-fluid">
    <h5 class="color1">浪漫意大利</h5>
    <p class="color2">漫步在艺术与文化的发源地,品味地道的意大利美食。</p>
</div>
<div class="col-3 p-1">
    <img src="images/tourism3.png" alt="俄罗斯" class="img-fluid">
    <h5 class="color1">壮丽俄罗斯</h5>
    <p class="color2">探访俄罗斯的辽阔大地,感受其独特的文化和冰雪风光。</p>
</div>
<div class="col-3 p-1">
    <img src="images/tourism4.png" alt="俄罗斯" class="img-fluid">
    <h5 class="color1">神秘俄罗斯</h5>
    <p class="color2">揭开俄罗斯的神秘面纱,探索其古老的历史与文化遗产。</p>
</div>
</div>
<div class="d-flex justify-content-between mt-2">
    <div>
        <h3>
            <span class="border mr-2"></span>
            最新旅游节目
        </h3>
    </div>
    <div>
        <a href="#" class="btn btn-outline-primary btn-sm">更多</a>
    </div>
</div>
```
……(参见本书素材文件)

设计样式代码如下:

```css
body {
    background-color: #f8f9fa;
    font-family: Arial, sans-serif;
}
.row {
    margin: 20px 0;
}
.scale {
    box-shadow: 0 4px 8px rgba(0, 0, 0, 0.1);
```

```css
      border-radius: 10px;
    }
    .bg-white {
      background-color: #ffffff;
      border-radius: 10px;
    }
    .d-flex {
      align-items: center;
    }
    h3 {
      font-size: 24px;
      color: #333;
      display: flex;
      align-items: center;
    }
    .border {
      width: 10px;
      height: 10px;
      background-color: #4CAF50;
      border-radius: 50%;
      margin-right: 10px;
    }
    .btn {
      border-radius: 20px;
      padding: 8px 16px;
      transition: background-color 0.3s, color 0.3s;
    }
    .btn-outline-danger {
      border: 2px solid #dc3545;
    }
    .btn-outline-danger:hover {
      background-color: #dc3545;
      color: white;
    }
    .btn-outline-primary {
      border: 2px solid #007bff;
    }
    .btn-outline-primary:hover {
      background-color: #007bff;
      color: white;
    }
    .img-fluid {
      border-radius: 8px;
      transition: transform 0.3s;
```

```css
}
.img-fluid:hover {
    transform: scale(1.05);
}
.color1 {
    color: #333;
    margin: 10px 0 5px;
    font-size: 18px;
}
.color2 {
    color: #666;
    font-size: 14px;
    margin-bottom: 10px;
}
.no-gutters {
    margin-right: 0;
    margin-left: 0;
}
.p-1 {
    padding: 8px;
}
```

实现的网页效果如图4-17所示。

图 4-17　左侧分类页面效果

2. 右侧排行榜

页面右侧部分的代码如下：

```html
<div class="col-3 bg-light p-3">
    <h4>热门排行榜</h4>
    <ul class="list-unstyled">
        <li class="border-bottom py-2">
```

```html
            <h5>1.探索英国</h5>
            <p class="color2">点击数：1500</p>
            <p class="color2">评级：★★★★★</p>
            <p class="color2">发布时间：2024-09-15</p>
        </li>
        <li class="border-bottom py-2">
            <h5>2.浪漫意大利</h5>
            <p class="color2">点击数：1200</p>
            <p class="color2">评级：★★★★☆</p>
            <p class="color2">发布时间：2024-09-10</p>
        </li>
        <li class="border-bottom py-2">
            <h5>3.壮丽俄罗斯</h5>
            <p class="color2">点击数：1100</p>
            <p class="color2">评级：★★★★☆</p>
            <p class="color2">发布时间：2024-09-08</p>
        </li>
        <li class="border-bottom py-2">
            <h5>4.美国之旅</h5>
            <p class="color2">点击数：900</p>
            <p class="color2">评级：★★★★☆</p>
            <p class="color2">发布时间：2024-09-05</p>
        </li>
        <li class="border-bottom py-2">
            <h5>5.韩国风情</h5>
            <p class="color2">点击数：850</p>
            <p class="color2">评级：★★★☆☆</p>
            <p class="color2">发布时间：2024-09-03</p>
        </li>
        <li class="border-bottom py-2">
            <h5>6.法国风情</h5>
            <p class="color2">点击数：750</p>
            <p class="color2">评级：★★★☆☆</p>
            <p class="color2">发布时间：2024-08-30</p>
        </li>
    </ul>
</div>
```

设计样式代码如下：

```css
/* 排行榜标题样式 */
.col-3.bg-light h4 {
    color: #343a40; /* 暗灰色字体 */
    font-weight: bold;
    margin-bottom: 1rem;
```

```css
    border-bottom: 2px solid #007bff; /* 下边框 */
    padding-bottom: 0.5rem;
}
/* 排行榜列表项样式 */
.col-3.bg-light ul li {
    border-bottom: 1px solid #dee2e6; /* 列表项之间的分隔线 */
    padding: 0.75rem 0;
}
/* 排行榜列表项标题样式 */
.col-3.bg-light ul li h5 {
    color: #007bff; /* 蓝色的标题 */
    margin-bottom: 0.25rem;
    font-weight: bold;
}
/* 排行榜列表项描述样式 */
.col-3.bg-light ul li p {
    color: #6c757d; /* 灰色的描述 */
    font-size: 0.9rem;
    margin-bottom: 0;
}
/* 排行榜列表项的悬停效果 */
.col-3.bg-light ul li:hover {
    background-color: #e9ecef; /* 悬停时的背景颜色 */
    transition: background-color 0.3s ease;
}
/* 排行榜最后一个列表项不添加下边框 */
.col-3.bg-light ul li:last-child {
    border-bottom: none;
}
```

实现的网页效果如图4-18所示。

图4-18　右侧排行榜效果

4.9.6 设计页脚部分

本项目的页脚部分由一个导航栏构成，用来指向下一个重要栏目，代码如下：

```html
<div class="footer bg-light mt-4 py-4">
  <ul class="nav justify-content-center">
    <li class="nav-item">
      <a class="nav-link active" href="#">关于我们</a>
    </li>
    <li class="nav-item">
      <a class="nav-link text-muted" href="javascript:void(0)">|</a>
    </li>
    <li class="nav-item">
      <a class="nav-link" href="#">联系我们</a>
    </li>
    <li class="nav-item">
      <a class="nav-link text-muted" href="javascript:void(0)">|</a>
    </li>
    <li class="nav-item">
      <a class="nav-link" href="#">旅行顾问</a>
    </li>
    <li class="nav-item">
      <a class="nav-link text-muted" href="javascript:void(0)">|</a>
    </li>
    <li class="nav-item">
      <a class="nav-link" href="#">友情旅行社</a>
    </li>
  </ul>
  <div class="text-center text-muted mt-2">
    <small>探索世界的窗口 - 旅行中心</small>
  </div>
</div>
```

设计样式代码如下：

```css
.footer {
  background-color: #f0f4f8;
  padding: 30px 0;
  border-top: 1px solid #d1d1d1;
  text-align: center;
}

.nav {
  list-style: none;
```

```css
    padding: 0;
    margin: 0;
}

.nav-item {
    margin: 0 15px;
}

.nav-link {
    color: #007bff;
    text-decoration: none;
    font-weight: 500;
    transition: color 0.3s ease, transform 0.3s;
}

.nav-link:hover, .nav-link.active {
    color: #0056b3;
    transform: translateY(-2px);
}

.text-muted {
    color: #aaa;
}

.footer .text-center {
    color: #555;
    margin-top: 10px;
    font-size: 0.9rem;
}

@media (max-width: 576px) {
    .nav-link {
        font-size: 0.85rem;
        margin: 0 10px;
    }

    .footer .text-center {
        font-size: 0.8rem;
    }
}
```

实现的网页效果如图4-13所示。

4.10 思考与练习

1. 简答题

(1) 在Bootstrap 5中引入工具类的意义是什么？

(2) 什么是响应式工具类？列举几种和外边距、内边距相关的响应式工具类。

(3) 如何使用Bootstrap的工具类来设置文本颜色和背景颜色？请详细说明文本颜色工具类和背景颜色工具类的用法。

(4) 在Bootstrap中，如何使用工具类设置元素的边框样式？请列举一些常用的边框工具类并说明它们的功能。

(5) Bootstrap 提供哪几种工具类来控制元素的边距？请举例说明如何为一个元素同时设置上下和左右边距。

2. 操作题

使用Boostrap 5设计效果如图4-19所示的页面，使用工具类描述页面的样式。

图4-19 页面效果

第5章

弹性布局

　　弹性布局是一种页面布局技术，使得布局可以根据设备的屏幕尺寸和分辨率自动调整，而不是使用固定的像素值。Bootstrap 的弹性布局可通过一系列实用的工具类来实现，这些工具类便于快速调整栅格列、导航、组件等的布局，从而使 Bootstrap 能够实现复杂的页面设计，如响应式导航栏、多列布局等。

5.1 定义弹性布局

弹性布局利用弹性盒子模型实现,它为页面布局提供了一种简洁、快速且响应式的方法,有效替代了传统的 CSS 属性(如 position、display 和 float)。这种方法极大增强了 CSS 盒子模型的灵活性。页面中任何可以作为容器的元素,如 body、div、span 或 section 等,都可以设定为 Flex 布局。使用 Flex 布局的元素被称为 Flex 容器。容器内的所有子元素自动成为其成员,这些成员被称为 Flex 项目。

弹性布局的工具类.d-flex和.d-inline-flex 能够轻松创建容器,并将直接子元素转换为项目。通过添加 flex 属性,可以进一步调整容器和项目的表现。

.d-flex 类将元素设置为弹性盒子,而 .d-inline-flex 类则将元素设置为内联块级弹性盒子。Bootstrap 中这两个类的定义代码如下:

```css
.d-flex {
  display: flex !important;
}

.d-inline-flex {
  display: inline-flex !important;
}
```

为了方便描述弹性布局的一些属性,可以认为容器中存在两根轴:水平方向的主轴(main axis)和垂直方向的交叉轴(cross axis)。主轴的起始位置称为main start,结束位置称为main end;交叉轴的起始位置称为cross start,结束位置称为cross end,这样可以清楚地描述容器中包含的项目的位置信息。

【示例5-1】使用d-flex类创建弹性盒子。

```html
<!DOCTYPE html>
<html lang="en">
<head>
<meta charset="UTF-8">
<meta name="viewport" content="width=device-width, initial-scale=1.0">
<title>Bootstrap Flexbox Layout Example</title>
<link href="https://cdn.jsdelivr.net/npm/bootstrap@5.3.0-alpha1/dist/css/bootstrap.min.css" rel="stylesheet" integrity="sha384-GLhlTQ8iRABdZLl6O3oVMWSktQOp6b7In1Zl3/Jr59b6EGGoI1aFkw7cmDA6j6gD" crossorigin="anonymous">
<style>
  .outer {
    width: 20rem;
    height: 16rem;
    justify-content: center;
    align-items: center;
  }
  .box {
```

```
      width: 4rem;
      height: 4rem;
    }
  </style>
</head>
<body class="container mt-5">
  <div class="d-flex outer mb-3 bg-success text-white justify-content-center">
    <div class="box p-2 bg-primary">项目</div>
    <div class="box p-2 bg-info">项目</div>
    <div class="box p-2 bg-danger">项目</div>
  </div>
</body>
```

本示例弹性布局的效果如图5-1(a)所示。在图5-1(b)中标注了主轴和交叉轴，并注明了起始线和终止线的位置信息。从示例5-1可以看出，要实现弹性布局，只需要为容器添加.d-flex类即可。示例中为了清晰地表示弹性布局，使用CSS设置了容器和其中项目的width、height、justify-content和align-items属性，这些属性的作用也可以使用工具类实现。

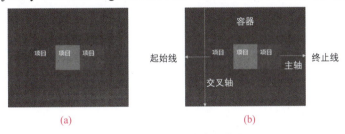

图5-1 弹性布局的实现效果

在Bootstrap中，响应式布局类通常按以下方式使用：

`<div class="d-sm-flex">...</div>`

.d-flex类和.d-inline-flex类支持响应式布局，能够根据不同断点设置弹性布局。其语法格式如下：

.d-{sm|md|lg|xl|xxl}-flex
.d-{sm|md|lg|xl|xxl}-inline-flex

这些类允许在不同的断点上应用弹性布局或内联弹性布局，以适配不同的屏幕尺寸和设备类型。例如，`<div class="d-sm-flex">...</div>` 表示在小型设备(sm)及以上的屏幕尺寸中，该 <div> 元素将采用弹性布局。若屏幕尺寸小于sm断点，则不会应用弹性布局，除非有其他的 CSS 规则定义。

5.2 弹性布局容器样式

Bootstrap提供的弹性布局工具类分为两大类：用于修饰布局容器的类和用于修饰布局项目的类。若要实现更为复杂的布局，也可以自定义CSS。修饰外层容器布局的工具类主要用于设置容器内项目的显示方式,包括项目的水平和垂直对齐方式、排列方向以及是否允许项目换行等功能。

5.2.1 项目对齐工具类

项目对齐工具类包括.justify-content-{value}类和.align-items-{value}类,分别用于设置项目的水平和垂直对齐方式。

1. .justify-content-{value} 类

弹性布局容器的.justify-content-{value}类用于改变项目在主轴上的对齐方式,value的取值包括start、end、center、between、around等,其中start是默认值。如果设置了flex-direction:column属性,则项目在交叉轴方向对齐(参见示例5-1)。

相关的工具类说明如表5-1所示。

表5-1 .justify-content-{value}类相关工具类及其说明

工具类	说明
.justify-content-start类	使项目位于主轴的起始位置
.justify-content-end类	使项目位于主轴的结束位置
.justify-content-center类	使项目沿主轴居中对齐
.justify-content-between类	使项目沿主轴左右两端对齐,且项目均匀分布
.justify-content-around类	使项目的间距为左右两端项目到容器间的距离的2倍
.justify-content-evenly类	使项目的间距与项目到容器间的距离相等

【示例5-2】使用.justify-content-{value}类设计示例5-1容器中项目的对齐方式。

01 在示例5-1代码中编辑以下代码应用justify-content-start"类:

`<div class="d-flex outer mb-3 bg-success text-white justify-content-start">`

网页效果如图5-2(a)所示。

02 应用justify-content-center"类:

`<div class="d-flex outer mb-3 bg-success text-white justify-content-center">`

网页效果如图5-2(b)所示。

03 应用justify-content-end"类:

`<div class="d-flex outer mb-3 bg-success text-white justify-content-end">`

网页效果如图5-2(c)所示。

04 应用justify-content-between"类:

`<div class="d-flex outer mb-3 bg-success text-white justify-content-between">`

网页效果如图5-2(d)所示。

05 应用justify-content-around"类：

<div class="d-flex outer mb-3 bg-success text-white justify-content-around">

网页效果如图5-2(e)所示。

06 应用justify-content-evenly"类：

<div class="d-flex outer mb-3 bg-success text-white justify-content-evenly">

网页效果如图5-2(f)所示。

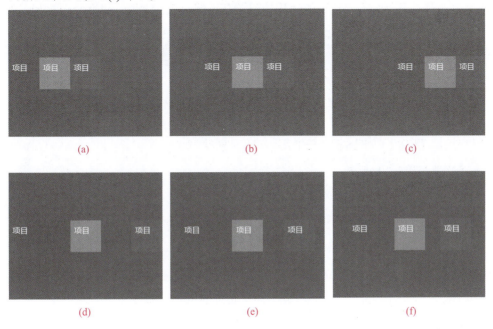

图 5-2 .justify-content-{value} 类的应用效果

.justify-content-{value}类支持响应式布局，其语法格式为：

.justify-content-{ sm|md|lg|xl|xxl}-{value}

2. .align-items-{value} 类

在弹性布局容器上应用.align-items-{value}类，可以改变项目在交叉轴上的对齐方式，value的取值包括start、end、center、baseline、stretch，其中stretch是默认值，表示项目被拉伸以适应容器；baseline表示项目位于容器的基线上。如果设置了flex-direction: column属性，则项目将在主轴方向对齐。

相关的工具类说明如表5-2所示。

表5-2 .align-items-{value}类相关工具类及其说明

工 具 类	说　　明
.align-items-start类	将项目顶部与容器顶部对齐

(续表)

工具类	说　明
.align-items-end类	将项目底部与容器底部对齐
.align-items-center类	将项目在容器中垂直居中对齐
.align-items-baseline类	将项目的基线与容器的基线对齐
.align-items-stretch类	如果项目没有设置固定的高度,则将项目拉伸以填充容器的高度

【示例5-3】 在示例5-1创建的代码中设置在设备上应用.align-items-{value}类。

01 在示例5-1代码中编辑以下代码,应用.align-items-start类:

```
<div class="d-flex outer mb-3 bg-success text-white align-items-start">
```

网页效果如图5-3(a)所示。

02 应用.align-items-end类:

```
<div class="d-flex outer mb-3 bg-success text-white align-items-end">
```

网页效果如图5-3(b)所示。

03 应用.align-items-center类:

```
<div class="d-flex outer mb-3 bg-success text-white align-items-center">
```

网页效果如图5-3(c)所示。

04 应用.align-items-baseline类:

```
<div class="d-flex outer mb-3 bg-success text-white align-items-baseline">
```

网页效果如图5-3(d)所示。

05 应用.align-items-stretch类,并取消项目使用.box类:

```
<div class="d-flex outer mb-3 bg-success text-white align-items-stretch">
    <div class="p-2 bg-primary">项目</div>
    <div class="p-2 bg-info">项目</div>
    <div class="p-2 bg-danger">项目</div>
</div>
```

此时,由于没有为项目设置固定的高度,其效果将如图5-3(e)所示。

.align-items-{value}类支持响应式布局,其语法格式为:

```
.align-items-{sm|md|lg|xl|xxl}-{value}
```

例如,将图5-3(b)效果页面元素的定义代码设置如下:

```
<div class="d-flex outer mb-3 bg-success text-white align-items-lg-end">
```

当页面内容在lg型(大屏幕)设备上显示时,该行页面元素将位于交叉轴的结束位置,即垂直方向底部对齐。

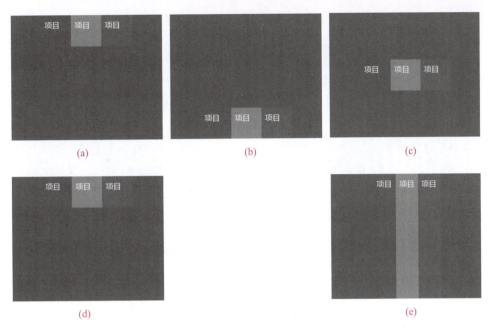

图 5-3 .align-items-{value} 类的应用效果

5.2.2 排列方向工具类

在弹性布局中,排列方向是通过.flex-row、.flex-column这些工具类来控制的。

1. .flex-row 类

.flex-row 类用于在弹性布局中水平排列项目。当我们在一个容器元素上应用 .flex-row 类时,该容器内的项目会沿着水平方向排列,即从左到右依次排列,这是弹性布局的默认排列方式。所以,通常情况下我们不需要显式地添加这个类,除非需要覆盖其他排列方向。使用.flex-row-reverse类可以设置项目从右到左水平排列。

【示例5-4】在示例5-1中应用.flex-row类和.flex-row-reverse类。

01 在示例5-1代码中将.outer 类的justify-content属性修改为flex-start。

```
<style>
  .outer {
    width: 20rem;
    height: 16rem;
    justify-content: flex-start;
    align-items: center;
  }
  .box {
    width: 4rem;
    height: 4rem;
  }
</style>
```

02 在容器中应用.flex-row 类，网页效果如图5-4(a)所示。

`<div class="d-flex flex-row outer mb-3 bg-success text-white">`

03 在容器中应用.flex-row-reverse 类，网页效果如图5-4(b)所示。

`<div class="d-flex flex-row-reverse outer mb-3 bg-success text-white">`

(a)　　　　　　　　　　　　　　(b)

图5-4 .flex-row 类和 .flex-row-reverse 类的应用效果

.flex-row类和.flex-row-reverse类支持响应式布局，其语法格式如下：

```
.flex-{ sm|md|lg|xl|xxl }-row
.flex-{ sm|md|lg|xl|xxl }-row-reverse
```

2. .flex-column 类

.flex-column类是 Bootstrap 中用于设置元素为垂直方向排列的类。当我们将该类应用于一个元素时，该元素的子元素将按照垂直方向进行排列，默认情况下从上到下排列。.flex-column 类常与.flex-column-reverse类一同使用，后者用于设置项目沿垂直方向从下到上排列。

【示例5-5】在网页中应用.flex-column和.flex-column-reverse类，效果如图5-5所示。

```html
<body class="container">
    <h4 class="mb-3 text-center">.flex-column 和 .flex-column-reverse 工具类</h4>
    <div class="d-flex flex-column text-white bg-success p-1">
        <div class="p-1 m-1 bg-primary">项目1</div>
        <div class="p-1 m-1 bg-info">项目2</div>
        <div class="p-1 m-1 bg-danger">项目3</div>
    </div>
    <hr/>
    <div class="d-flex flex-column-reverse text-white bg-success p-1">
        <div class="p-1 m-1 bg-primary">项目1</div>
        <div class="p-1 m-1 bg-info">项目2</div>
        <div class="p-1 m-1 bg-danger">项目3</div>
    </div>
</body>
```

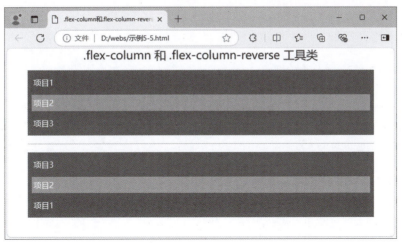

图 5-5 .flex-column 和 .flex-column-reverse 类的应用效果

.flex-column 类和 .flex-column-reverse 类支持响应式布局，其语法格式如下：

.flex-{sm|md|lg|xl|xxl}-column

.flex-{sm|md|lg|xl|xxl}-column-reverse

5.2.3 项目换行工具类

用户可以使用.flex-wrap 类和.flex-nowrap 类来改变项目在容器中的换行方式。浏览器默认应用 .flex-nowrap 类，这意味着当所有项目的宽度之和超过容器宽度时，项目会被强行等分到容器中，并且不会换行。而在应用 .flex-wrap 类时，当项目宽度之和超出容器宽度时，则会自动换行。

若要实现反向换行，可以使用 .flex-wrap-reverse 类。

【示例5-6】 在网页中应用项目换行工具类，效果如图5-6所示。

```
<style>
 .outer {
  width: 30rem;
 }
 .box {
  width: 6rem;
 }
</style>
<body class="container">
 <h4 class="my-2 text-center">.flex-nowrap 类，默认使用</h4>
 <div class="d-flex outer bg-warning text-white justify-content-start">
  <div class="bg-primary m-1 box">nowrap1</div>
  <div class="bg-primary m-1 box">nowrap2</div>
  <div class="bg-primary m-1 box">nowrap3</div>
  <div class="bg-primary m-1 box">nowrap4</div>
```

```
            <div class="bg-primary m-1 box">nowrap5</div>
            <div class="bg-primary m-1 box">nowrap6</div>
        </div>
        <h4 class="my-2 text-center">.flex-wrap 类</h4>
        <div class="d-flex outer flex-wrap bg-warning text-white justify-content-start">
            <div class="bg-primary m-1 box">wrap1</div>
            <div class="bg-primary m-1 box">wrap2</div>
            <div class="bg-primary m-1 box">wrap3</div>
            <div class="bg-primary m-1 box">wrap4</div>
            <div class="bg-primary m-1 box">wrap5</div>
            <div class="bg-primary m-1 box">wrap6</div>
        </div>
        <h4 class="my-2 text-center">.flex-wrap-reverse 类</h4>
        <div class="d-flex outer flex-wrap-reverse bg-warning text-white justify-content-start">
            <div class="bg-primary m-1 box">wrap1</div>
            <div class="bg-primary m-1 box">wrap2</div>
            <div class="bg-primary m-1 box">wrap3</div>
            <div class="bg-primary m-1 box">wrap4</div>
            <div class="bg-primary m-1 box">wrap5</div>
            <div class="bg-primary m-1 box">wrap6</div>
        </div>
    </body>
```

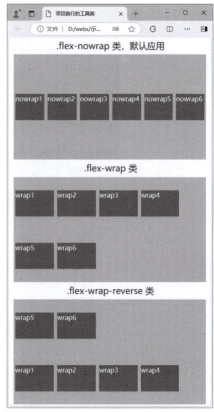

图 5-6　项目换行工具类应用效果

.flex-nowrap 类、.flex-wrap 类和 .flex-wrap-reverse 类支持响应式布局，其语法格式如下：

.flex-{sm|md|lg|xl|xxl}-nowrap
.flex-{sm|md|lg|xl|xxl}-wrap
.flex-{sm|md|lg|xl|xxl}-wrap-reverse

5.3　弹性布局项目样式

弹性布局项目样式包括项目的顺序、伸缩、对齐和浮动等属性。修饰布局项目的工具类通常是指用于调整单个项目样式的类，例如 .flex-grow、.flex-shrink 等。

修饰布局容器的工具类用于调整整个弹性容器的样式，例如 .d-flex、.flex-wrap、.justify-content、.align-items 等。这些类主要作用于容器，用以控制容器的布局方式和外观。

因此，两者的主要区别在于作用对象不同：前者作用于项目，后者作用于容器。

5.3.1　项目排序工具类

.order-{value} 类用于设置或获取项目的顺序。在 Bootstrap 5 中，value 可以是 0~5 的整数。如果需要设置其他值，需要通过 CSS 属性进行定义。此外，.order-first 类可以将元素排列在最前面，.order-last 类则用于将元素放在最后。需要注意的是，order-{value} 类只有在元素处于容器内时才有效。

【示例5-7】使用.order-{value}类对项目进行排序，效果如图5-7所示。

```
<body class="container">
  <div class="container mt-5">
    <h4 class="mb-3 text-center">项目排序工具类</h4>
    <div class="d-flex text-white bg-info p-1">
      <div class="order-5 p-3 m-3 bg-primary">五</div>
      <div class="order-4 p-3 m-3 bg-primary">四</div>
      <div class="order-1 p-3 m-3 bg-primary">一</div>
      <div class="order-2 p-3 m-3 bg-primary">二</div>
      <div class="order-3 p-3 m-3 bg-primary">三</div>
      <div class="order-0 p-3 m-3 bg-primary">零</div>
      <div class="order-last p-3 m-3 bg-primary">最后</div>
      <div class="order-first p-3 m-3 bg-primary">第一个</div>
    </div>
  </div>
</body>
```

图 5-7　应用 .order-{value} 类对项目排序

.order-{value} 类支持响应式布局，其语法格式为：

.order-{sm|md|lg|xl|xxl}-{value}

5.3.2　项目伸缩工具类

在Flex布局中，.flex-grow-{0|1}类和.flex-shrink-{0|1}类用于分配容器中项目的可用空间。flex-basis属性也常用于设置项目的宽度，这会覆盖width属性的值。

1. .flex-grow-{0|1} 类

当容器的宽度大于其包含项目的总宽度时，使用了.flex-grow-1类的项目会扩大以占据容器的可用空间。flex-grow-0 是默认值，表示不使用容器的剩余空间。

【示例5-8】应用 .flex-grow-{0|1}类，效果如图5-8所示。

```
<style>
  .outer {
```

```
    width: 48rem;
   }
   .box {
    width: 6rem;
   }
</style>
<body class="container">
  <div class="container mt-3">
    <h4 class="mb-3">项目伸缩工具类.flex-grow-{0|1} </h4>
    <div class="d-flex outer text-white bg-info p-1">
      <div class="flex-grow-1 box p-1 m-1 bg-primary">占满空间-1</div>
      <div class="box p-1 m-1 bg-primary">两个</div>
      <div class="flex-grow-1 box p-1 m-1 bg-primary">占满空间-1</div>
    </div>
    <hr/>
    <div class="d-flex outer text-white bg-info p-1">
      <div class="flex-grow-0 box p-1 m-1 bg-primary">占满空间-0</div>
      <div class="box p-1 m-1 bg-primary">两个</div>
      <div class="flex-grow-0 box p-1 m-1 bg-primary">占满空间-0</div>
    </div>
  </div>
</body>
```

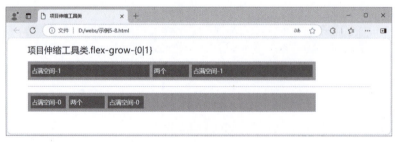

图 5-8　应用 .flex-grow-{0|1} 类的效果

.flex-grow-{0|1} 类支持响应式布局，语法格式为：

.flex-{sm|md|lg|xl|xxl}-grow-{0|1}

2. .flex-shrink-{0|1} 类

当容器的宽度小于其包含项目宽度之和时，使用了 .flex-shrink-1 类的项目会按比例收缩。flex-shrink-1 是默认值。使用 .flex-shrink-0，则表示项目不会收缩。

【示例5-9】应用.flex-shrink-{0|1}类，效果如图5-9所示。

```
<style>
  .outer {
    width: 36rem;
```

```
    }
    .box {
      width: 30rem; /* 该值被覆盖 */
      flex-basis: 18rem;
    }
  </style>
  <body class="container">
    <div class="container mt-3">
      <h4 class="mb-3">项目伸缩工具类.flex-shrink-{0|1} </h4>
      <div class="d-flex text-white bg-info p-1">
        <div class="box p-1 m-1 bg-primary">一</div>
        <div class="flex-shrink-0 box p-1 m-1 bg-primary">不缩小</div>
        <div class="box p-1 m-1 bg-primary">二</div>
      </div>
      <hr/>
      <div class="d-flex outer text-white bg-info p-1">
        <div class="box p-1 m-1 bg-primary">缩小-1</div>
        <div class="box p-1 m-1 bg-primary">缩小-1</div>
        <div class="box p-1 m-1 bg-primary">缩小-1</div>
      </div>
    </div>
  </body>
```

从图5-9可以看出，使用了.flex-shrink-0 类的 div 元素不收缩，其他两个 div 元素按比例收缩；默认应用.flex-shrink-1类，所有 div 元素按比例收缩。此外，.box 类同时包含width属性和 flex-basis 属性，最终宽度由flex-basis确定，即每个 .box 的宽度为18rem。

图 5-9　应用 .flex-shrink-{0|1} 类的效果

.flex-shrink-{0|1} 类支持响应式布局，语法格式为：

.flex-{sm|md|lg|xl|xxl}-shrink-{0|1}

3. flex 属性

flex是CSS3的一个用于弹性布局的属性，是flex-grow、flex-shrink、flex-basis的缩写形式。它的取值可以是auto或none。当flex的值为auto时，flex-grow、flex-shrink、flex-basis的值分别为1、1、auto，用于等比例放大和缩小元素；当flex值为none时，flex-grow、flex-shrink、flex-basis 的值分别为 0、0、auto，表示既不放大元素，也不缩小元素。

【示例5-10】应用 flex 属性，效果如图 5-10 所示。

```
<style>
 .outer {
   width: 30rem;
 }
 .box {
   width: 12rem;
   flex: auto;
 }
 .box2 {
   width: 12rem;
   flex: none;
 }
</style>
<body class="container">
 <h4 class="my-2">弹性：自动</h4>
 <div class="d-flex text-white bg-info p-1 outer">
   <div class="p-1 m-1 bg-success">固定</div>
   <div class="p-1 m-1 bg-primary box">弹性：自动</div>
   <div class="p-1 m-1 bg-primary box">弹性：自动</div>
   <div class="p-1 m-1 bg-primary box">弹性：自动</div>
 </div>
 <hr/>
 <h4 class="my-2">弹性：无</h4>
 <div class="d-flex text-white bg-info p-1 outer">
   <div class="p-1 m-1 bg-success">固定</div>
   <div class="p-1 m-1 bg-primary box2">弹性：无</div>
   <div class="p-1 m-1 bg-primary box2">弹性：无</div>
   <div class="p-1 m-1 bg-primary box2">弹性：无</div>
 </div>
</body>
```

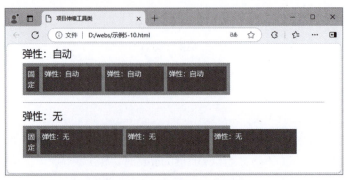

图 5-10　应用 flex 属性后的效果

在以上示例中,外层容器div.outer的宽度是24rem,内层元素div.box和div.box2的宽度是12rem。当内层元素的flex属性为auto时,它们会平均分配容器的剩余空间,这是第一部分的显示效果;当flex属性为none时,元素既不放大也不缩小,可能会溢出外层容器,这是第二部分的显示效果。

5.3.3 自身对齐工具类

.align-self-{value}类用于调整项目自身在主轴上的对齐方式。其中,value的取值包括start、end、baseline、stretch等,与.align-items-{value}类中的取值相同。如果设置了flex-direction为column,则可以改变项目自身在交叉轴上的对齐方式。

此外,.align-self-auto类继承了父元素的align-items属性。如果不存在父元素,则效果与.align-self-stretch类相同。

【示例5-11】应用.align-self-{value}工具类,效果如图5-11所示。

```
<style>
.outer {
    width: 26rem;
    height: 6rem;
    padding: 2px;
    background-color: skyblue;
}
.box {
    width: 6rem;
    padding-top: 6px;
    padding-bottom: 6px;
    background-color: dodgerblue;
    border: 1px solid rgba(0, 0, 255, 0.15);
    text-align: center;
}
</style>
<body class="container">
    <h4 class="my-2">顶部对齐</h4>
    <div class="d-flex justify-content-between text-white outer">
        <div class="box">默认</div>
        <div class="box align-self-start">顶部对齐</div>
        <div class="box">默认</div>
    </div>
    <h4 class="my-2">居中对齐</h4>
    <div class="d-flex justify-content-evenly text-white outer">
        <div class="box align-self-stretch">拉伸填充</div>
        <div class="box align-self-center">居中对齐</div>
        <div class="box align-self-stretch">拉伸填充</div>
    </div>
</body>
```

在这个示例中，两个容器分别展示了.align-self-start和.align-self-center工具类的应用效果。第一个容器中的第二个子元素被设置为.align-self-start，使其在交叉轴上对齐到起始位置；第二个容器中的第二个子元素被设置为.align-self-center，使其在交叉轴上对齐到中间位置。

图 5-11　应用 .align-self-{value} 类的效果

.align-self-{value}类支持响应式布局，其语法格式如下：

.align-self-{sm|md|lg|xl|xxl}-{value}

5.3.4　自动浮动工具类

在Bootstrap 5中，.ms-auto、.me-auto和.mx-auto类用于实现元素的向左、向右和居中排列。它们的定义如下：

.ms-auto { margin-left: auto !important; }
.me-auto { margin-right: auto !important; }
.mx-auto { margin-left: auto !important; margin-right: auto !important; }

【示例5-12】设计项目在水平方向上的自动浮动，效果如图5-12所示。

```
<body class="container">
  <h4 class="my-2">自动水平排列</h4>
  <div class="d-flex bg-info text-white mb-3">
    <div class="me-auto p-3 mx-1 bg-secondary">推到右侧</div>
    <div class="p-3 mx-1 bg-secondary">弹性项目</div>
    <div class="p-3 mx-1 bg-secondary">弹性项目</div>
  </div>
  <div class="d-flex bg-info text-white mb-3">
    <div class="p-3 mx-1 bg-secondary">弹性项目</div>
    <div class="p-3 mx-1 bg-secondary">弹性项目</div>
    <div class="ms-auto p-3 mx-1 bg-secondary">推到左侧</div>
  </div>
  <div class="d-flex bg-info text-white mb-3">
    <div class="mx-auto p-3 mx-1 bg-secondary">居中排列</div>
```

```
        <div class="mx-auto p-3 mx-1 bg-secondary">居中排列</div>
    </div>
</body>
```

图 5-12　项目在水平方向浮动

以上代码中：
- .me-auto 类将后面的项目推到容器的右侧。
- .ms-auto 类将前面的项目推到容器的左侧。
- .mx-auto 类使项目在容器中居中显示。

.ms-auto、.me-auto和.mx-auto工具类支持响应式布局，语法格式如下：

.ms-{sm|md|lg|xl|xxl}-auto
.me-{sm|md|lg|xl|xxl}-auto
.mx-{sm|md|lg|xl|xxl}-auto

此外，Bootstrap 5还提供了.mt-auto、.mb-auto和.my-auto类，分别用于实现项目的向上、向下和垂直居中浮动，使用方法与.ms-auto、.me-auto和.mx-auto类相同，也支持响应式布局。

5.4　实战案例——烧烤餐厅网页

本章主要介绍了Bootstrap弹性布局。在实战案例部分将制作一个烧烤餐厅网页，在这个案例中，我们将利用Bootstrap的栅格系统和灵活的组件，使得页面能够自适应多种设备。

5.4.1　案例概述

本案例的烧烤餐厅网页以清晰的结构和现代化的视觉设计为特点，旨在吸引顾客的注意力并促进消费。页面顶部采用全屏背景图，展示烧烤的诱人场景，配合简洁明了的宣传语，引导顾客快速了解餐厅的特色。中间部分详细列出餐厅的招牌菜品和美食特色，配以生动的图文展示，并通过顾客评价和实际用餐体验增强信任感。

本案例制作的网页效果如图5-13所示。

图 5-13 烧烤餐厅网页

5.4.2 设计网页头部导航栏

网页头部导航栏位于网页的顶部，本案例使用Bootstrap的navbar组件创建一个响应式导航栏。导航栏包含Logo和品牌名称，以及导航链接和搜索表单。通过使用.navbar、.navbar-brand、.navbar-toggler、.collapse、.navbar-nav和.d-flex等Bootstrap类，确保了导航栏在不同设备上的良好显示和交互体验。Logo和搜索表单在桌面设备上并排显示，而在移动设备上，导航链接会折叠到"菜单"列表中。

设计网页头部导航栏的代码如下：

```
<header>
  <nav class="navbar navbar-expand-lg navbar-light bg-light">
    <div class="container-fluid">
      <!-- Logo和品牌名称 -->
      <a class="navbar-brand" href="index.html">
        <img src="images/logo.png" alt="Logo" width="40" height="40" class="d-inline-block align-text-top">
        烧烤餐厅
      </a>
      <button class="navbar-toggler" type="button" data-bs-toggle="collapse" data-bs-target="#navbarNav" aria-controls="navbarNav" aria-expanded="false" aria-label="Toggle navigation">
        <span class="navbar-toggler-icon"></span>
```

```html
    </button>
    <div class="collapse navbar-collapse" id="navbarNav">
      <ul class="navbar-nav me-auto mb-2 mb-lg-0">
        <li class="nav-item">
          <a class="nav-link active" aria-current="page" href="index.html">首页</a>
        </li>
        <li class="nav-item">
          <a class="nav-link" href="menu.html">菜单</a>
        </li>
        <li class="nav-item">
          <a class="nav-link" href="about.html">关于我们</a>
        </li>
        <li class="nav-item">
          <a class="nav-link" href="contact.html">联系我们</a>
        </li>
      </ul>
      <!-- 使用.d-flex类 -->
      <form class="d-flex">
        <input class="form-control me-2" type="search" placeholder="搜索" aria-label="搜索">
        <button class="btn btn-outline-success" type="submit">搜索</button>
      </form>
    </div>
  </div>
 </nav>
</header>
```

设计CSS代码如下：

```css
.navbar {
  background-color: #f8f9fa;
  box-shadow: 0 2px 4px rgba(0, 0, 0, 0.1);
}
.navbar-brand {
  font-weight: bold;
  color: #333;
}
.navbar-brand img {
  margin-right: 8px;
}
.navbar-nav .nav-link {
  color: #555;
  margin-right: 15px;
}
.navbar-nav .nav-link:hover {
  color: #007bff;
```

```css
}
.navbar-nav .nav-link.active {
  color: #007bff;
  font-weight: bold;
}
.form-control {
  border-radius: 3px;
  border-color: #ccc;
}
.btn-outline-success {
  color: #007bff;
  border-color: #007bff;
}
.btn-outline-success:hover {
  background-color: #007bff;
  border-color: #007bff;
  color: #fff;
}
.navbar-toggler {
  border-color: #ccc;
}
.navbar-toggler-icon {
  filter: invert(50%);
}
```

实现的网页头部导航栏效果如图5-14所示。

图5-14　导航栏效果

5.4.3　添加轮播广告区

添加一个轮播广告区，用于循环播放烧烤图片，并且允许用户手动切换图片。以下是具体代码：

```html
<div id="carouselExampleIndicators" class="carousel slide" data-bs-ride="carousel">
  <div class="carousel-indicators">
    <button type="button" data-bs-target="#carouselExampleIndicators" data-bs-slide-to="0" class="active" aria-current="true" aria-label="Slide 1"></button>
    <button type="button" data-bs-target="#carouselExampleIndicators" data-bs-slide-to="1" aria-label="Slide 2"></button>
    <button type="button" data-bs-target="#carouselExampleIndicators" data-bs-slide-to="2" aria-label="Slide 3"></button>
  </div>
```

```html
<div class="carousel-inner">
  <div class="carousel-item active">
    <img src="images/bbq1.jpg" class="d-block w-100" alt="烧烤图片1">
  </div>
  <div class="carousel-item">
    <img src="images/bbq2.jpg" class="d-block w-100" alt="烧烤图片2">
  </div>
  <div class="carousel-item">
    <img src="images/bbq3.jpg" class="d-block w-100" alt="烧烤图片3">
  </div>
</div>
<button class="carousel-control-prev" type="button" data-bs-target="#carouselExampleIndicators" data-bs-slide="prev">
  <span class="carousel-control-prev-icon" aria-hidden="true"></span>
  <span class="visually-hidden">Previous</span>
</button>
<button class="carousel-control-next" type="button" data-bs-target="#carouselExampleIndicators" data-bs-slide="next">
  <span class="carousel-control-next-icon" aria-hidden="true"></span>
  <span class="visually-hidden">Next</span>
</button>
</div>
```

实现的轮播广告区效果如图5-15所示。

图 5-15 轮播效果

5.4.4 设计网页主要内容

烧烤餐厅的主页包含欢迎信息、特色菜品列表、餐厅简介以及营业时间,通过自定义

CSS实现简洁的模块布局：

```html
<main class="container my-5">
  <section class="text-center">
    <h1>欢迎光临我们的烧烤餐厅!</h1>
    <p>体验最棒的烧烤风味，尽在我们的餐厅。</p>
  </section>
  <section class="row my-4">
    <!-- 特色菜展示 -->
    <div class="col-md-4 section-block">
      <h2>特色菜品</h2>
      <ul>
        <li>香辣烤肉串</li>
        <li>炭烤鸡翅</li>
        <li>秘制烤鱼</li>
      </ul>
    </div>
    <!-- 餐厅介绍 -->
    <div class="col-md-4 section-block">
      <h2>关于我们</h2>
      <p>我们的烧烤餐厅以提供顶级食材和独家秘方著称，为您带来与众不同的美味体验。</p>
    </div>
    <!-- 营业时间 -->
    <div class="col-md-4 section-block opening-hours">
      <h2>营业时间</h2>
      <p>周一至周五：11:00 - 23:00</p>
      <p>周六至周日：10:00 - 00:00</p>
    </div>
  </section>
</main>
```

设计CSS样式如下：

```css
/* 全局样式 */
body {
  font-family: Arial, sans-serif;
  margin: 0;
  padding: 0;
  background-color: #f5f5f5;
}
h1, h2 {
  color: #333;
}
p {
  color: #666;
```

```css
}
ul {
  list-style-type: none;
  padding: 0;
}
li {
  margin-bottom: 8px;
}
/* 容器样式 */
.container {
  max-width: 1200px;
  margin: auto;
  padding: 20px;
}
/* 文本居中样式 */
.text-center {
  text-align: center;
  margin-bottom: 40px;
}
/* 栅格系统样式 */
.row {
  display: flex;
  flex-wrap: wrap;
  margin-right: -15px;
  margin-left: -15px;
}
.col-md-4 {
  flex: 0 0 33.333%;
  max-width: 33.333%;
  padding-right: 15px;
  padding-left: 15px;
  margin-bottom: 30px;
}
/* 板块样式 */
.section-block {
  background-color: #fff;
  border-radius: 8px;
  box-shadow: 0 2px 4px rgba(0, 0, 0, 0.1);
  padding: 20px;
}
/* 营业时间样式 */
.opening-hours p {
  margin-bottom: 8px;
}
```

实现的网页效果如图5-16所示。

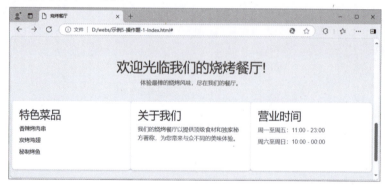

图 5-16　网页主要内容

5.4.5　添加页脚信息

最后，为网页设计页脚信息，具体代码如下：

```
<footer class="footer bg-dark text-white py-4">
  <div class="container">
    <div class="d-flex flex-wrap justify-content-between">
      <!-- 联系我们 -->
      <div class="d-flex flex-column mb-3 mb-md-0">
        <h5>联系我们</h5>
        <p>地址：北京市朝阳区美食街1号</p>
        <p>电话：123-456-7890</p>
        <p>邮箱：info@grillrestaurant.com</p>
      </div>

      <!-- 特色菜单 -->
      <div class="d-flex flex-column mb-3 mb-md-0">
        <h5>特色菜单</h5>
        <p><strong>烤羊排</strong></p>
        <p>外焦里嫩，香气四溢</p>
        <p><strong>秘制烤鸡</strong></p>
        <p>独家秘方，鲜嫩多汁</p>
        <p><strong>香辣烤鱼</strong></p>
        <p>香辣十足，回味无穷</p>
      </div>

      <!-- 顾客评价 -->
      <div class="d-flex flex-column">
        <h5>顾客评价</h5>
        <p>"环境幽雅，食物美味，强烈推荐！" - 张先生</p>
        <p>"服务周到，菜品丰富，下次还会再来！" - 李女士</p>
        <p>"性价比高，非常适合家庭聚餐！" - 王先生</p>
```

```html
    </div>
   </div>
   <hr class="border-white">
   <p class="text-center mb-0">&copy; 2024 烧烤餐厅. 保留所有版权.</p>
  </div>
</footer>
```

设计CSS样式代码如下：

```css
.footer {
  background-color: #343a40;
  color: #ced4da;
  padding: 40px 0;
}
.footer h5 {
  color: #fff;
  margin-bottom: 20px;
  font-weight: bold;
}
.footer p {
  color: #adb5bd;
  margin-bottom: 10px;
}
.footer a {
  color: #adb5bd;
  text-decoration: none;
}
.footer a:hover {
  color: #f8f9fa;
}
.footer hr {
  border-top: 1px solid #495057;
  margin-top: 20px;
  margin-bottom: 20px;
}
.footer .container {
  max-width: 1150px;
}
.footer .d-flex {
  flex-wrap: wrap;
}
.footer p.text-center {
  color: #fff;
  margin-top: 30px;
}
```

实现的网页效果如图5-17所示。

图5-17　页脚信息

5.5　思考与练习

1. 简答题

(1) 什么是弹性布局？可实现弹性布局的工具类或CSS属性是什么？

(2) 举例说明3种作用于弹性布局容器的工具类。

(3) 用于项目伸缩的工具类包括哪几个？说明这些工具类的作用。

(4) 如何在Bootstrap中创建一个垂直方向的弹性布局？请说明相关的工具类或方法。

(5) 举例说明如何使用Bootstrap的弹性布局工具类实现水平和垂直居中对齐。

(6) Bootstrap中有哪些工具类可以用于调整弹性容器中项目的排列顺序？请列出并解释其用途。

2. 操作题

使用弹性布局实现效果如图5-18所示的"商品详情页"网页效果。

图5-18　商品详情页面效果

第6章

表格样式

　　表格是网页中重要的元素之一，能够为用户高效显示数据信息。通过表格，用户可以轻松地浏览和比较信息，从而提升数据的可读性和组织性。此外，表格不仅可以以列和行的形式直观地展示数据，还可以通过合并单元格、添加标题和边框等方式提高信息的层次和美观度。Bootstrap 提供了丰富的表格样式，可以帮助开发者快速创建各种类型的表格，并使其看起来美观且具有一致性。

6.1 Bootstrap基本表格

Bootstrap自动对HTML表格应用表6-1所示的3种样式。

表6-1 Bootstrap默认设置的基础表格样式

样　　式	说　　明
background-color: transparent;	表格背景色为透明，从而让表格适应不同的背景和容器样式
border-spacing: 0;	消除表格中的单元格之间的距离(边框间隔设置为0)
border-collapse: collapse;	表格的边框会被合并为一条边框线(合并边框)

Bootstrap 提供多种表格样式以美化表格元素，包括 \<caption\>、\<th\> 和 \<td\> 等标签。为了最大限度地利用 Bootstrap 表格样式，建议用户在设计表格时使用可选的 \<thead\>、\<tbody\> 和\<tfoot\> 标签，这些标签有助于表格的结构化和可读性。此外，建议在表格上始终使用 .table 类。这将应用 Bootstrap 的表格样式，使表格符合响应式设计的要求。不过，需要注意的是，仅使用 .table 类不会自动将表格宽度设置为 100% 屏幕宽度，还需要配合其他布局工具或样式设置。

【示例6-1】标准Bootstrap表格的HTML代码。

```html
<body>
<div class="container">
  <!-- 开始定义表格，添加Bootstrap样式 -->
  <table class="table">
   <!-- 表格标题 -->
   <caption>
   联系人信息
   </caption>
   <!-- 表头部分 -->
   <thead>
    <tr>
     <th>ID</th>
     <th>姓名</th>
     <th>职位</th>
     <th>电子邮件</th>
    </tr>
   </thead>
   <!-- 表格主体内容部分 -->
   <tbody>
    <tr>
```

```
            <td>1</td>
            <td>张三</td>
            <td>销售经理</td>
            <td>zhangsan@example.com</td>
        </tr>
        <!-- 第二行数据 -->
        <tr>
            <td>2</td>
            <td>李华</td>
            <td>市场专员</td>
            <td>lihua@example.com</td>
        </tr>
        <!-- 第三行数据 -->
        <tr>
            <td>3</td>
            <td>王小明</td>
            <td>技术支持工程师</td>
            <td>wangxm@example.com</td>
        </tr>
    </tbody>
    <!-- 表格页脚部分 -->
    <tfoot>
        <tr>
            <!-- 页脚单元格，横跨4列 -->
            <td colspan="4">联系我们：123-456-789</td>
        </tr>
    </tfoot>
 </table>
</div>
</body>
```

以上代码的运行结果如图6-1(a)所示，如果没有添加.table类，该表格会显得很拥挤，效果如图6-1(b)所示。

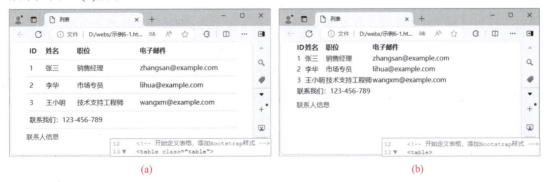

图6-1　使用 .table 类和不使用 .table 类的 Bootstrap 表格对比

6.2 Bootstrap表格类

除了默认的表格样式，Bootstrap还提供了多种其他样式供用户选择。用户可以为表格添加多个类，从而实现更高级的表格功能和样式定制，如表6-2所示。

表6-2　Bootstrap的表格类

表格类	说明
.table-striped类	为表格\<tbody\>标记内的偶数行添加斑马线条纹样式，以提高表格的可读性和美观性
.table-bordered类	为表格(四周和行列之间)添加边框
.table-hover类	在用户将鼠标悬停在表格行上时，高亮显示该行
.table-condensed类	减小表格的行高和单元格内边距，以使整个表格更为紧凑

【示例6-2】将表6-2介绍的类添加到示例6-1代码中。

```
<table class="table table-striped table-bordered table-hover table-condensed">
```

此时，网页中的表格是一个具有边框、斑马纹、鼠标指针悬停显示高亮的紧凑型Bootstrap表格，其效果如图6-2所示。用户可以在确认添加.table类和.table-striped类后，在\<head\>标签中添加一个样式，并设置样式规则，例如：

```
<style>
    .table-striped tbody tr:nth-of-type(odd) {
        background-color: lightblue; /* 设置奇数行的背景色 */
    }
    .table-striped tbody tr:nth-of-type(even) {
        background-color: lightgreen; /* 设置偶数行的背景色 */
    }
</style>
```

在以上自定义的CSS样式中，通过nth-of-type(odd)和nth-of-type(even)选择器来分别设置奇数行和偶数行的背景色，可以将 lightblue 和 lightgreen 替换为想要的颜色值。重新预览网页后，效果将如图6-3所示。

图 6-2　添加表格类后的表格效果　　　　　图 6-3　调整表格上的斑马纹

此外，用户还可以在表格上使用表6-3所示的上下文类，为单元格或行添加意义。上下文类在网页开发中起到标记和区分元素样式的作用。它们可以帮助开发者快速地对元素进行分类和样式设置，使得元素的外观更加丰富多样，同时也能提高代码的可读性和可维护性。

表6-3 Bootstrap的上下文类

上下文类	说 明
.active类	突出显示当前活跃状态(鼠标悬停)的行或单元格
.danger类	突出显示危险或错误状态的行或单元格(用红色)
.info类	强调信息性内容或提示额外信息(用蓝色)
.success类	强调包含信息性内容或提示额外信息的行或单元格(用绿色)
.warning类	强调警告、提醒或潜在风险的内容(用黄色)

例如，可以为表格的某一行添加类：

`<tr class="warning">`

或者为<th>或<td>标签上的某个单元格添加类：

`<td class="success">`

为了提高上下文类的可访问性，一定要确保内容传达和颜色相同的含义。例如：

`<td class="warning">warning: lorem ipsum sit dolor...</td>`

用户还可以使用.sr-only类定义只在屏幕阅读器上显示的文本。例如：

```
<td class="warning">
    <span class="sr-only">Warning:</span>
    warning: lorem ipsum sit dolor...
</td>
```

注释：

.sr-only类通常用于屏幕阅读器用户，其作用是隐藏元素的视觉呈现，但仍使其对屏幕阅读器软件可用。

6.3 面板中的表格

面板和表格的结合可以在页面中产生更加无缝的用户体验。通过在面板中使用表格，可以为数据提供更清晰的结构和布局。面板可以提供额外的背景色、边框和阴影效果，使表格内容在页面上更加突出，同时也增加了页面整体的美观性。此外，面板的标题部分用于描述表格内容的概要或主题，帮助用户更快速地理解表格所呈现的信息。

【示例6-3】设计一个包含在面板中的无边框表格，使用.panel-body在表格上添加额外的边框，效果如图6-4所示。

图6-4　面板中的表格

代码如下：

```
<div class="container">
  <div class="panel panel-default">
    <div class="panel-heading">
       了解更多关于我们公司的信息
    </div>
    <div class="panel-body">
       公司有员工联系方式
    </div>
    <table class="table table-bordered">
      <caption>联系电话：025-12345678</caption>
      <thead>
        <tr>
          <th>姓名</th>
          <th>职位</th>
          <th>网址</th>
          <th>电子邮件</th>
        </tr>
      </thead>
      <tbody>
        <tr>
          <td>张三</td>
          <td>首席拉面执行官</td>
          <td><a href="http://lanzhoulam-zhangsan.com">http://lanzhoulamian.com/</a></td>
          <td><a href="mailto:zhangsan@gmail.com">htmljenn@gmail.com</a></td>
        </tr>
        <tr>
          <td>李四</td>
          <td>拉面风味评测官</td>
```

```html
        <td><a href="http://lan-lisi.com/mckinley">http://lan.com/mckinley</a></td>
        <td><a href="mailto:lisi@163.com">mckinley@163.com</a></td>
      </tr>
      <tr>
        <td>王小明</td>
        <td>拉面口味试吃员</td>
        <td><a href="http://lan-wangxiaoming.com/rambler">http://lan.com/rambler</a></td>
        <td><a href="mailto:wang@163.com">rambler@163.com</a></td>
      </tr>
    </tbody>
    <tfoot>
      <tr>
        <td colspan="4">
          <p>张三、李四和王小明都是网名。</p>
        </td>
      </tr>
    </tfoot>
  </table>
 </div>
</div>
```

6.4 响应式表格

在创建响应式表格时经常会遇到挑战，比如，表格在小屏幕上往往显得过宽，而许多小屏幕设备也不支持良好的水平滚动。Bootstrap 提供了一个解决方案，即使用 .table-responsive类，使表格能够在小屏幕上适应。

实现响应式表格的步骤是将表格包裹在一个带有.table-responsive类的元素中，如下所示：

```html
<div class="table-responsive">
  <table class="table">
    <!-- 表格内容 -->
  </table>
</div>
```

这种方法可以确保表格在小屏幕设备上能够以滚动的形式显示，而不破坏页面的布局。

【示例6-4】设计一个响应式表格。

```html
<body>
  <div class="container mt-5">
    <h2 class="mb-4">响应式表格示例</h2>
    <!-- 使用.table-responsive类包裹表格 -->
```

```html
<div class="table-responsive">
  <table class="table table-hover">
    <thead>
      <tr>
        <th>#</th>
        <th>姓名</th>
        <th>邮箱</th>
        <th>城市</th>
        <th>电话</th>
        <th>备注</th>
      </tr>
    </thead>
    <tbody>
      <tr>
        <td>1</td>
        <td>张三</td>
        <td>zhangsan@example.com</td>
        <td>北京</td>
        <td>123-456-7890</td>
        <td>普通用户</td>
      </tr>
      <tr>
        <td>2</td>
        <td>李四</td>
        <td>lisi@example.com</td>
        <td>上海</td>
        <td>234-567-8901</td>
        <td>VIP用户</td>
      </tr>
      <tr>
        <td>3</td>
        <td>王五</td>
        <td>wangwu@example.com</td>
        <td>广州</td>
        <td>345-678-9012</td>
        <td>普通用户</td>
      </tr>
      <tr>
        <td>4</td>
        <td>赵六</td>
        <td>zhaoliu@example.com</td>
        <td>深圳</td>
        <td>456-789-0123</td>
        <td>VIP用户</td>
      </tr>
    </tbody>
```

```
        </table>
      </div>
    </div>
    <!-- 引入Bootstrap 5的JS文件 -->
    <script src="https://cdn.jsdelivr.net/npm/bootstrap@5.3.0/dist/js/bootstrap.bundle.min.js"></script>
</body>
</html>
```

设计CSS样式代码如下：

```
body {
    background-color: #f8f9fa;
    font-family: Arial, sans-serif;
}
/* 美化表格容器 */
.container {
    background: #ffffff;
    border-radius: 8px;
    box-shadow: 0 2px 10px rgba(0, 0, 0, 0.1);
    padding: 20px;
}
/* 表格样式 */
.table {
    width: 100%;
    border-collapse: collapse;
}
/* 表头样式 */
.table thead th {
    background-color: #007bff;
    color: white;
    padding: 12px;
    text-align: left;
    font-size: 16px;
}
/* 表格行样式 */
.table tbody tr {
    border-bottom: 1px solid #dddddd;
}
/* 行hover效果 */
.table tbody tr:hover {
    background-color: #f1f1f1;
}
/* 单元格样式 */
.table tbody td {
    padding: 10px;
    font-size: 14px;
    color: #333;
```

```css
}
/* 首列样式 (序号列) */
.table tbody td:first-child {
    font-weight: bold;
}
/* 调整响应式表格的边距 */
.table-responsive {
    margin: 20px 0;
}
/* 媒体查询，适应不同屏幕 */
@media (max-width: 768px) {
    .table thead th {
        font-size: 14px;
    }
    .table tbody td {
        font-size: 12px;
    }
}
```

实现的网页效果如图6-5所示。

图 6-5 响应式表格在小屏幕中的显示效果

6.5 实战案例——在线教育平台网页

本章详细介绍了Bootstrap框架中表格样式的相关知识，包括基本表格的创建、表格类、面板中的表格和响应式表格。接下来的实战案例部分将引导用户逐步制作一个在线教育平台的网页。在该案例中，我们将综合运用本书所学的表格样式和设计技巧，将理论与实践相结合。通过实际操作，用户可以巩固所学的知识，并学会如何在真实项目中灵活应用 Bootstrap 表格样式，提升网页设计的效率和美观度。

6.5.1 案例概述

在正式开始网页开发之前，可以先制作一个详细的页面布局草图，并完成页面结构的设计。这一步骤有助于清晰地规划各个元素的排列和交互逻辑。在设计完成后，再引入所需的Web框架，以确保后续开发工作能够顺利进行并奠定坚实的基础。

1. 案例效果

本案例制作的网页效果如图6-6所示。

2. 页面设计

在线教育平台网页的页面布局使用HTML 5的nav、section、footer等结构元素来实现，样式控制主要使用Bootstrap 5的内置样式类和组件，并且编写少量的CSS3代码来实现。Bootstrap 5与HTML5、CSS3配合，可以实现很好的页面布局及页面显示效果。

页面布局草图如图6-7所示，以下是主要结构元素的功能描述。

- header 元素：用于展示网站的标题、Logo 图片以及导航条等内容，通常位于页面的顶部。
- nav 元素：专门用于网站的导航，帮助用户快速访问不同的页面和功能。
- section 元素：网页的主体内容放置在 section 元素中，每个 section 元素通常包括一个标题，用于清晰地表明该部分内容的主题。
- footer 元素：用于放置网站的版权声明、备案信息和联系方式等内容，通常位于页面的底部。

通过这些结构元素的合理布局，可以有效提升用户体验，使网站内容更具可读性和易用性。

| header nav |
| header#banner |
| header#search |
| section#courses |
| section#oytlines |
| section@path |
| section#group |
| Section#question |
| footer |

图 6-6 网页效果　　　　　　图 6-7 页面布局草图

3. 设计框架

首先，我们需要引入 Bootstrap 5 的CSS和JavaScript文件，以确保项目具备响应式布局和常用组件的支持。同时，根据开发需求，还需要引入字体图标库Font Awesome。Font Awesome 是一个应用广泛的可缩放矢量图标库。借助 CSS 属性，Font Awesome 图标的样式可以灵活调整，包括设置图标的大小、颜色、阴影等，使用户界面的设计更加丰富和直观。

可从 Font Awesome 的官网注册后下载图标库。本章使用的是 Font Awesome 6.1.1 版本。使用 Font Awesome 图标非常简单，只需将下载的图标库压缩包解压，并将所需文件复制到项目中，然后加载相应的 CSS 文件即可。这样，用户就可以在项目中方便地使用各种图标，以增强用户体验。

以下代码用于实现Web学习网站的页面布局：

```html
<!DOCTYPE html>
<html lang="en">
<head>
    <meta charset="UTF-8">
    <meta name="viewport" content="width=device-width, initial-scale=1.0">
    <!-- 引入 Font Awesome -->
    <link rel="stylesheet" href="https://cdnjs.cloudflare.com/ajax/libs/font-awesome/6.1.1/css/all.min.css">
    <!-- 引入 Bootstrap CSS -->
    <link href="https://cdn.jsdelivr.net/npm/bootstrap@5.3.0/dist/css/bootstrap.min.css" rel="stylesheet">
    <!-- 引入用户定义样式 -->
    <link rel="stylesheet" href="styles.css">
    <title>在线教育平台网页</title>
</head>
<body>
    <header>
        <nav class="navbar navbar-expand-lg navbar-dark bg-dark fixed-top mb-3">
            <!-- 导航条 -->
        </nav>
        <div id="banner" class="p-4 bg-dark text-light text-center text-sm-start">
            <!-- 图片或轮播组件 -->
        </div>
        <div id="search" class="p-5 bg-primary text-light">
            <!-- 搜索框 -->
        </div>
    </header>
    <section id="courses" class="p-4">
        <!-- 课程 -->
    </section>
    <section id="outlines" class="p-4 bg-dark text-light">
        <!-- 大纲 -->
    </section>
    <section id="path" class="p-4">
        <!-- 学习路径 -->
    </section>
    <section id="group" class="p-4 bg-dark text-light">
        <!-- 教学团队 -->
    </section>
    <section class="p-4">
        <!-- 问题与回复 -->
```

```html
    </section>
    <footer class="p-4 bg-dark text-white">
        <!-- 页脚 -->
    </footer>
    <!-- 引入 Bootstrap JavaScript -->
    <script src="https://cdn.jsdelivr.net/npm/bootstrap@5.3.0/dist/js/bootstrap.bundle.min.js"></script>
</body>
</html>
```

6.5.2 设计网页头部

页头部分由header元素定义，内容包括：用nav元素构建的导航条，用div元素构建的横幅区域(banner)，以及应用了媒体查询的搜索栏。

1. 顶部导航条

网页的顶部导航条采用Bootstrap 5的navbar组件进行设计。在导航条的左侧使用了Font Awesome图标。导航条被固定在页面顶部，确保不会遮盖页面的主体内容。具体代码如下：

```html
<header>
    <nav class="navbar navbar-expand-lg navbar-dark bg-dark fixed-top mb-3">
        <div class="container">
            <a class="navbar-brand fw-bold" href="#">
                <i class="fa-brands fa-chalkboard-teacher"></i> 在线教育平台
            </a>
            <button class="navbar-toggler" type="button" data-bs-toggle="collapse" data-bs-target="#navbar1" aria-controls="navbar1" aria-expanded="false" aria-label="Toggle navigation">
                <span class="navbar-toggler-icon"></span>
            </button>
            <div class="collapse navbar-collapse" id="navbar1">
                <ul class="navbar-nav ms-auto mb-2 mb-lg-0">
                    <li class="nav-item">
                        <a class="nav-link active" aria-current="page" href="#">课程介绍</a>
                    </li>
                    <li class="nav-item">
                        <a class="nav-link" href="#">教师团队</a>
                    </li>
                    <li class="nav-item">
                        <a class="nav-link" href="#">学习资料</a>
                    </li>
                    <li class="nav-item">
                        <a class="nav-link" href="#">学生评价</a>
                    </li>
```

```
        </ul>
      </div>
    </div>
  </nav>
  <!-- banner及搜索部分 -->
</header>
```

实现的网页效果如图6-8所示。

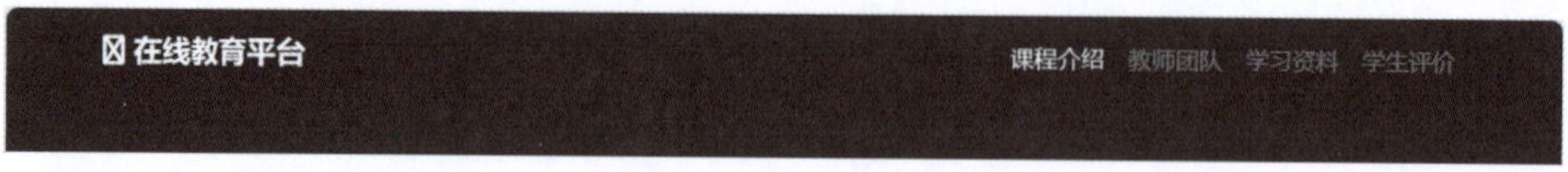

图6-8　网页顶部导航条效果

2. banner栏目

本例实现的banner栏目展示了在线教育的主题，包含标题、描述、一个按钮和一张图片，旨在吸引用户开始其在线学习旅程。

实现banner栏目的代码如下：

```
<!-- Banner部分 -->
<div class="p-4 bg-dark-2 text-light text-center text-sm-start" style="margin-top: 56px;">
  <div class="container">
    <div class="d-flex">
      <div class="me-3">
        <h1 class="display-6 display-md-4">在线教育新时代 - <span class="text-warning">学习无止境</span></h1>
        <p class="fs-6 fs-md-5 my-5 lh-1">
            在线教育平台通过高质量的视频教程、互动课件和实时在线课堂，提供从编程、设计到语言学习等各类课程，帮助学习者灵活安排时间，掌握新技能，提升职业竞争力。
        </p>
        <button class="btn btn-primary btn-lg">
            开始你的学习之旅
        </button>
      </div>
      <div>
        <img src="images/education.jpg" alt="在线教育图片" class="img-fluid d-none d-sm-block">
      </div>
    </div>
  </div>
</div>
```

设计CSS代码如下：

```
/* Banner 栏目样式 */
.bg-dark-2 {
```

```css
    background-color: #333;
}
.text-light {
    color: #fff;
}
.text-center {
    text-align: center;
}
.text-sm-start {
    text-align: start;
}
.p-4 {
    padding: 1rem;
}
.container {
    max-width: 1140px;
    margin: 0 auto;
}
.d-flex {
    display: flex;
}
.me-3 {
    margin-right: 1rem;
}
.display-6 {
    font-size: 2rem;
    font-weight: 300;
    line-height: 1.2;
}
.display-md-4 {
    font-size: calc(1.475rem + 2.7vw);
    font-weight: 300;
    line-height: 1.2;
}
.text-warning {
    color: #ffc107;
}
.fs-6 {
    font-size: 1.125rem;
}
.fs-md-5 {
    font-size: 1.25rem;
}
.my-5 {
```

```css
    margin-top: 2rem;
    margin-bottom: 2rem;
}
.lh-1 {
    line-height: 1;
}
.btn {
    display: inline-block;
    font-weight: 400;
    text-align: center;
    vertical-align: middle;
    user-select: none;
    padding: 0.375rem 0.75rem;
    font-size: 1rem;
    line-height: 1.5;
    border-radius: 0.25rem;
    transition: color 0.15s ease-in-out, background-color 0.15s ease-in-out, border-color 0.15s ease-in-out, box-shadow 0.15s ease-in-out;
}
.btn-primary {
    color: #fff;
    background-color: #007bff;
    border-color: #007bff;
}
.btn-primary:hover {
    color: #fff;
    background-color: #0056b3;
    border-color: #004999;
}
.btn-lg {
    padding: 0.5rem 1rem;
    font-size: 1.25rem;
    line-height: 1.5;
    border-radius: 0.3rem;
}
.img-fluid {
    max-width: 100%;
    height: auto;
}
.d-none {
    display: none;
}
.d-sm-block {
    display: block;
```

```
}
@media (min-width: 576px) {
  .text-sm-start {
    text-align: start;
  }
  .d-sm-block {
    display: block;
  }
}
```

实现的栏目效果如图6-9所示。

图 6-9   banner 栏目效果

3. 搜索栏

在中小型设备上,搜索栏以垂直堆叠显示。当设备为中型及以上时,搜索栏采用弹性布局,使用 .d-md-flex、.justify-content-between 和 .align-items-center 等类实现。

实现搜索栏的代码如下:

```
<header>
  <nav>
    <!-- 导航条 -->
  </nav>
  <div id="banner" class="p-4 bg-dark-2 text-light text-center text-sm-start">
    <!-- Banner -->
  </div>
  <div id="search-section" class="p-5 bg-primary text-light">
    <div class="container">
      <div class="d-md-flex justify-content-between align-items-center">
        <h3>让我们的未来充满更多的可能,现在开始!</h3>
        <div class="input-group new-input">
          <input type="text" class="form-control" placeholder="请输入您的邮箱">
          <button class="btn btn-dark btn-lg">注册</button>
        </div>
      </div>
    </div>
```

```
      </div>
    </div>
</header>
```

设计的CSS代码如下：

```
@media (min-width: 768px) {
  .new-input {
    width: 30%;
  }
}
```

实现的网页效果如图6-10所示。

图 6-10　搜索栏效果

6.5.3　设计"课程"和"大纲"模块

课程和大纲等模块采用了栅格布局，第一行和第三行的设计均为图片与文本等宽排列，各占据该行宽度的50%。而第二行则采用了三个等宽的卡片组件，这些卡片均置于栅格布局中，以确保整体的视觉效果和对称性。这种布局方式不仅可以提升内容的美观度，还能够优化用户的阅读体验。

课程和大纲模块的实现代码如下：

```
<section id="courses" class="p-4">
  <div class="container">
    <div class="row align-items-center justify-content-between">
      <div class="col-md">
        <img src="images/tech2.jpg" alt="在线教育" class="img-fluid">
      </div>
      <div class="col-md p-3">
```

```html
        <h3>课程介绍</h3>
        <ul class="list-unstyled">
          <li class="mb-2">通过丰富的互动内容,提升学生对知识的理解和掌握。</li>
          <li class="mb-2">结合理论与实际案例,帮助学生在真实环境中运用所学技能。</li>
          <li class="mb-2">使用最新的教育技术,确保学习体验的优化和提升。</li>
        </ul>
        <a href="#" class="btn btn-dark mt-2">查看更多 &raquo;</a>
      </div>
    </div>
</div>
<div class="container mt-3">
  <div class="row g-2">
    <div class="col-md">
      <div class="card bg-info text-light">
        <div class="card-body text-center">
          <div class="card-title my-3">前端开发</div>
          <table class="table table-bordered table-light">
            <thead>
              <tr>
                <th>课程名称</th>
                <th>时长</th>
                <th>价格</th>
              </tr>
            </thead>
            <tbody>
              <tr>
                <td>HTML基础</td>
                <td>10小时</td>
                <td>免费</td>
              </tr>
              <tr>
                <td>CSS设计</td>
                <td>15小时</td>
                <td>$99</td>
              </tr>
            </tbody>
          </table>
          <p class="card-text">
            掌握HTML、CSS和JavaScript的基本知识,能够创建现代且响应迅速的界面。
          </p>
          <a href="#" class="btn btn-primary my-3">基础与框架</a>
        </div>
```

```html
                </div>
            </div>
            <div class="col-md">
                <div class="card bg-secondary text-light">
                    <div class="card-body text-center">
                        <div class="card-title my-3">后端开发</div>
                        <table class="table table-bordered table-light">
                            <thead>
                                <tr>
                                    <th>课程名称</th>
                                    <th>时长</th>
                                    <th>价格</th>
                                </tr>
                            </thead>
                            <tbody>
                                <tr>
                                    <td>HTML基础</td>
                                    <td>10小时</td>
                                    <td>免费</td>
                                </tr>
                                <tr>
                                    <td>CSS设计</td>
                                    <td>15小时</td>
                                    <td>$99</td>
                                </tr>
                            </tbody>
                        </table>
                        <p class="card-text">
                            学习服务器端编程，包括数据操作和业务逻辑实现，支持动态网页开发。
                        </p>
                        <a href="#" class="btn btn-primary my-3">语言与数据库</a>
                    </div>
                </div>
            </div>
            <div class="col-md">
                <div class="card bg-dark text-light">
                    <div class="card-body text-center">
                        <div class="card-title my-3">移动开发</div>
                        <table class="table table-bordered table-light">
                            <thead>
                                <tr>
                                    <th>课程名称</th>
                                    <th>时长</th>
```

```html
                        <th>价格</th>
                    </tr>
                </thead>
                <tbody>
                    <tr>
                        <td>HTML基础</td>
                        <td>10小时</td>
                        <td>免费</td>
                    </tr>
                    <tr>
                        <td>CSS设计</td>
                        <td>15小时</td>
                        <td>$99</td>
                    </tr>
                </tbody>
            </table>
            <p class="card-text">
                掌握移动应用开发的基础知识，设计高效的用户交互和体验。
            </p>
            <a href="#" class="btn btn-primary my-3">游戏与应用</a>
          </div>
        </div>
      </div>
    </div>
  </div>
</section>
<section id="outlines" class="p-4 bg-dark-2 text-light">
    <div class="container">
        <div class="row align-items-center justify-content-between">
            <div class="col-md p-3">
                <h3>课程大纲</h3>
                <ul class="list-unstyled">
                    <li class="mb-3">网络技术课程为学生其他相关课程的学习奠定坚实基础，是信息技术课程体系中不可或缺的一部分。</li>
                    <li class="mb-3">通过前端技术的学习，学生将能够掌握网站开发的基础技能，包括HTML、CSS和JavaScript，并熟悉常用框架如Bootstrap。</li>
                </ul>
                <a href="#" class="btn btn-light mt-2">查看更多 &raquo;</a>
            </div>
            <div class="col-md">
                <img src="images/tech22.jpg" alt="教育大纲" class="img-fluid">
            </div>
        </div>
```

```
        </div>
    </section>
```

设计CSS样式代码如下:

```css
.table {
    width: 100%;
    margin-bottom: 1rem;
    color: #212529;
}
.table th, .table td {
    padding: 0.75rem;
    vertical-align: top;
    border-top: 1px solid #dee2e6;
}
.table thead th {
    vertical-align: bottom;
    border-bottom: 2px solid #dee2e6;
    background-color: #f8f9fa;
    color: #333;
    font-weight: bold;
}
.table tbody tr:nth-child(odd) {
    background-color: #f8f9fa;
}
.table tbody tr:hover {
    background-color: #e9ecef;
}
.table td {
    text-align: center;
}
.table-bordered {
    border: 1px solid #dee2e6;
}
.table-bordered th, .table-bordered td {
    border: 1px solid #dee2e6;
}
.table-responsive {
    display: block;
    width: 100%;
    overflow-x: auto;
    -webkit-overflow-scrolling: touch;
}
```

实现的网页效果如图6-11所示。

图 6-11 设计"课程"和"大纲"模块

6.5.4 设计"学习路径"模块

在学习路径模块中，应用了列表组组件，主要使用了.list-group、.list-group-flush和.list-group-item类。代码如下：

```html
<section id="course-path" class="p-4">
  <div class="container">
    <h3 class="text-center mb-3">在线教育课程路径</h3>
    <ul class="list-group list-group-flush">
      <li class="list-group-item my-2">
        基础课程 <span class="small text-black-50">语言学习, 数学基础, 科学入门</span>
        → 中级课程 → 高级课程
        <span class="small text-black-50">学术写作, 数据分析, 编程基础</span> → 专业课程
      </li>
      <li class="list-group-item my-2">
        职业培训 → 商务英语 <span class="small text-black-50">市场营销, 财务管理, 人力资源</span> → 技术认证 → IT 技能培训
      </li>
      <li class="list-group-item my-2">
        兴趣课程(艺术、音乐、烹饪) → 专业技巧提升(摄影, 设计, 写作) → 在线证书课程(项目管理, 数据科学, 网络安全)
      </li>
    </ul>
  </div>
</section>
```

设计CSS样式代码如下：

```css
body {
    font-family: Arial, sans-serif;
    background-color: #f8f9fa;
    margin: 0;
    padding: 0;
}
#course-path {
    background-color: #ffffff;
    border-radius: 8px;
    box-shadow: 0 4px 8px rgba(0, 0, 0, 0.1);
    margin: 20px auto;
    max-width: 800px;
    padding: 20px;
}
.container {
    padding: 20px;
}
h3 {
    font-size: 1.8em;
    color: #333;
    margin-bottom: 20px;
}
.list-group {
    list-style-type: none;
    padding: 0;
}
.list-group-item {
    background-color: #f8f9fa;
    border: 1px solid #dee2e6;
    border-radius: 5px;
    margin-bottom: 10px;
    padding: 15px;
    transition: transform 0.2s, box-shadow 0.2s;
}
.list-group-item:hover {
    transform: translateY(-2px);
    box-shadow: 0 4px 6px rgba(0, 0, 0, 0.1);
}
.small {
    color: #6c757d;
}
.text-black-50 {
```

```
    color: #6c757d;
}
.text-center {
    text-align: center;
}
.mb-3 {
    margin-bottom: 1rem;
}
.p-4 {
    padding: 1rem;
}
```

实现的网页效果如图6-12所示。

图6-12 "学习路径"模块

6.5.5 设计"教学团队"模块

本案例的教学团队模块使用栅格布局,并在具体的栅格中应用卡片组件,代码如下:

```
<section id="group" class="p-4 bg-dark">
  <div class="container">
    <div class="row g-2">
      <h3 class="text-white">教学团队</h3>
      <p class="lead text-white">
        专注于Java、Python、人工智能、大数据、前端热门专业,建立专职科研团队及教学团队,形成严格的筛选体系。
      </p>
      <div class="col-md-6 col-lg-3">
        <div class="card bg-light">
          <div class="card-body text-center">
            <img src="images/head1.png" alt="" class="rounded-circle img-fluid mb-3" />
```

```html
                    <h4 class="card-title">李华</h4>
                    <p class="card-text small">
                        资深Web前端开发工程师，参与设计多个大型系统项目。
                    </p>
                </div>
            </div>
        </div>
        <div class="col-md-6 col-lg-3">
            <div class="card bg-light">
                <div class="card-body text-center">
                    <img src="images/head2.png" alt="" class="rounded-circle img-fluid mb-3" />
                    <h4 class="card-title">王赫</h4>
                    <p class="card-text small">
                        拥有十年开发经验，精通Java、Oracle、Python，具有丰富的教学经验。
                    </p>
                </div>
            </div>
        </div>
        <div class="col-md-6 col-lg-3">
            <div class="card bg-light">
                <div class="card-body text-center">
                    <img src="images/head3.png" alt="" class="rounded-circle img-fluid mb-3" />
                    <h4 class="card-title">张伟</h4>
                    <p class="card-text small">
                        专攻人工智能领域，多年研究经验，发表多篇高影响力论文。
                    </p>
                </div>
            </div>
        </div>
        <div class="col-md-6 col-lg-3">
            <div class="card bg-light">
                <div class="card-body text-center">
                    <img src="images/head4.png" alt="" class="rounded-circle img-fluid mb-3" />
                    <h4 class="card-title">赵何</h4>
                    <p class="card-text small">
                        拥有丰富的数据分析经验，擅长大数据技术，致力于培养学生解决实际问题的能力。
                    </p>
                </div>
            </div>
        </div>
    </div>
</section>
```

设计CSS样式如下：

```
body {
    font-family: Arial, sans-serif;
    background-color: #f8f9fa;
    margin: 0;
    padding: 0;
}
#course-path {
    background-color: #ffffff;
    border-radius: 8px;
    box-shadow: 0 4px 8px rgba(0, 0, 0, 0.1);
    margin: 20px auto;
    max-width: 800px;
    padding: 20px;
}
.container {
    padding: 20px;
}
h3 {
    font-size: 1.8em;
    color: #333;
    margin-bottom: 20px;
}
.list-group {
    list-style-type: none;
    padding: 0;
}
.list-group-item {
    background-color: #f8f9fa;
    border: 1px solid #dee2e6;
    border-radius: 5px;
    margin-bottom: 10px;
    padding: 15px;
    transition: transform 0.2s, box-shadow 0.2s;
}
.list-group-item:hover {
    transform: translateY(-2px);
    box-shadow: 0 4px 6px rgba(0, 0, 0, 0.1);
}
.small {
    color: #6c757d;
}
.text-black-50 {
```

```css
    color: #6c757d;
}
.text-center {
    text-align: center;
}
.mb-3 {
    margin-bottom: 1rem;
}
.p-4 {
    padding: 1rem;
}
```

实现的网页效果如图6-13所示。

图 6-13 "教学团队"模块

6.5.6 设计"问答"模块

本案例的问答模块使用手风琴组件,用户可以直接从Bootstrap 5文档中复制代码,稍作修改即可。具体代码如下:

```html
<section class="p-4">
  <div class="container">
    <h3 class="text-center mb-3">在线教育平台常见问题</h3>
    <div class="accordion accordion-flush" id="accordionFlushExample">
      <!-- 问题一:在线课程的学习方式是怎样的? -->
      <div class="accordion-item">
        <h2 class="accordion-header" id="flush-headingOne">
          <button class="accordion-button collapsed" type="button" data-bs-toggle="collapse" data-bs-target="#flush-collapseOne" aria-expanded="false" aria-controls="flush-collapseOne">
            在线课程的学习方式是怎样的?
          </button>
```

```html
        </h2>
        <div id="flush-collapseOne" class="accordion-collapse collapse" aria-labelledby="flush-headingOne" data-bs-parent="#accordionFlushExample">
            <div class="accordion-body">
                <ul class="list-group list-group-flush">
                    <li class="list-group-item">通过视频教程按计划学习各个模块</li>
                    <li class="list-group-item">利用在线测验和作业检验学习进度</li>
                    <li class="list-group-item">参与线上论坛讨论，借助社区互助</li>
                    <li class="list-group-item">可随时随地调整学习进度</li>
                </ul>
            </div>
        </div>
    </div>
    <!-- 问题二：平台提供哪些种类的课程？ -->
    <div class="accordion-item">
        <h2 class="accordion-header" id="flush-headingTwo">
            <button class="accordion-button collapsed" type="button" data-bs-toggle="collapse" data-bs-target="#flush-collapseTwo" aria-expanded="false" aria-controls="flush-collapseTwo">
                平台提供哪些种类的课程？
            </button>
        </h2>
        <div id="flush-collapseTwo" class="accordion-collapse collapse" aria-labelledby="flush-headingTwo" data-bs-parent="#accordionFlushExample">
            <div class="accordion-body">
                <ul class="list-group list-group-flush">
                    <li class="list-group-item">编程与开发类课程</li>
                    <li class="list-group-item">数据科学与分析课程</li>
                    <li class="list-group-item">设计与艺术类课程</li>
                    <li class="list-group-item">商业与管理课程</li>
                    <li class="list-group-item">个人发展和职业规划课程</li>
                </ul>
            </div>
        </div>
    </div>
    <!-- 问题三：如何获得课程证书？ -->
    <div class="accordion-item">
        <h2 class="accordion-header" id="flush-headingThree">
            <button class="accordion-button collapsed" type="button" data-bs-toggle="collapse" data-bs-target="#flush-collapseThree" aria-expanded="false" aria-controls="flush-collapseThree">
                如何获得课程证书？
            </button>
        </h2>
```

```html
            <div id="flush-collapseThree" class="accordion-collapse collapse"
aria-labelledby="flush-headingThree" data-bs-parent="#accordionFlushExample">
                <div class="accordion-body">
                    <ul class="list-group list-group-flush">
                        <li class="list-group-item">完成所有视频课程和指定作业</li>
                        <li class="list-group-item">通过平台规定的考试或测验</li>
                        <li class="list-group-item">提交必要的项目或论文</li>
                        <li class="list-group-item">按注册课程的要求支付证书费用(如适用)</li>
                    </ul>
                </div>
            </div>
        </div>
    </div>
</section>
```

设计CSS样式代码如下：

```css
/* 标题样式 */
h3 {
    font-size: 24px;
    color: #333;
    text-transform: uppercase;
    border-bottom: 2px solid #007bff;
    padding-bottom: 10px;
    margin-bottom: 20px;
}
/* 手风琴样式 */
.accordion-button {
    background-color: #007bff;
    color: #fff;
    border: none;
    border-radius: 4px;
    padding: 15px;
    text-align: left;
    font-size: 18px;
    width: 100%;
    cursor: pointer;
    transition: background-color 0.3s, box-shadow 0.3s;
    outline: none;
}
.accordion-button:hover,
.accordion-button:focus {
    background-color: #0056b3;
    box-shadow: 0 2px 4px rgba(0, 0, 0, 0.2);
```

```css
}
.accordion-header {
    margin-bottom: 10px;
}
.accordion-body {
    background-color: #e9ecef;
    border-left: 3px solid #007bff;
    padding: 15px;
    border-radius: 4px;
    margin-bottom: 15px;
}
/* 列表项样式 */
.list-group-item {
    background-color: transparent;
    border: none;
    padding: 10px 0;
    font-size: 16px;
    color: #444;
}
.list-group-item:not(:last-child) {
    border-bottom: 1px solid #ddd;
}
```

实现的网页效果如图6-14所示。

图6-14 问答模块

6.5.7 设计页脚部分

本案例页脚部分使用footer元素声明，使用栅格系统设计布局。每个栅格内容均由nav组件描述，代码如下：

```html
<footer class="p-4 bg-dark text-white">
  <div class="container">
    <div class="row gy-4">
      <div class="col-md-3 col-sm-6">
        <h3 class="mb-4">更多链接</h3>
        <ul class="nav flex-column">
          <li class="nav-item">
            <a class="nav-link text-white" href="#">主页</a>
          </li>
        ….(参见本书素材文件)
        <p class="lead text-center">© 2024 教育在线网站</p>
      </div>
    </div>
</footer>
```

实现网页效果如图6-6所示。

6.6 思考与练习

1. 简答题

（1）使用Bootstrap 5构建一个基本表格时，需要哪些HTML元素和类来实现表头、表格主体及表格行的基本结构？请简要描述基本表格的创建步骤。

（2）在Bootstrap 5中，.table-striped和.table-bordered类有什么作用？请分别说明这两个类对表格外观的影响，并举例说明它们如何结合使用来提升表格的可读性。

（3）如果想在Bootstrap 5的卡片组件中嵌入一个表格，应该如何布局？请举例说明如何结合使用Bootstrap的卡片和表格类来美化嵌入表格的显示效果。

2. 操作题

使用Bootstrap 5的表格相关类来创建一个响应式表格，效果如图6-15所示。

图 6-15　产品规格表

第 7 章

表单样式

  Bootstrap 表单样式在前端设计中起到了简化开发流程和提升用户体验的作用。利用诸如 .form-control、.form-group、.form-label和.form-check 等类，开发者能够更快地完成高质量表单设计，同时确保网页在不同浏览器和设备上的兼容性，从而大幅提升开发效率和用户使用体验。

7.1 表单布局

HTML表单很难具备漂亮的外观。以下代码是一个简单的HTML表单，用户可以用来输入电子邮件地址和密码，并选择是否保存密码，然后单击"提交"按钮。这段代码生成的表单效果如图7-1所示。

```html
<form>
  <label for="exampleInputEmail1">电子邮件地址</label>
  <br>
  <input type="email" id="Email1" placeholder="输入电子邮件">
  <br>
  <small id="emailHelp">我们绝不会与任何人分享您的电子邮件。</small><br>
  <label for="exampleInputPassword1">密码</label>
  <br>
  <input type="password" id="exampleInputPassword1" placeholder="密码">
  <br>
  <input type="checkbox" id="exampleCheck1">
  <label for="exampleCheck1">保存密码</label>
  <button type="submit">提交</button>
</form>
```

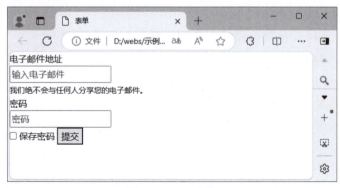

图 7-1　HTML 表单

Bootstrap 提供了丰富的表单样式和组件，可以帮助开发人员创建美观且具有响应式设计的表单。

- 通过将表单元素包裹在.form-group 类中，可以创建一个带有标签的表单组，从而提高表单的可读性。
- 添加.form-control 类到表单元素(如<input>、<textarea>、<select>)中，可以使其填满父容器的宽度，并应用标准的 Bootstrap 样式。
- 使用.form-check类和.form-check-input类可以为复选框和单选按钮自定义样式。
- 将.form-check-label类与.form-check-input类搭配使用，可以提供复选框或单选按钮的标签样式。

将上面介绍的这些基本表单的元素加入图7-1所示的表单结构，带有Bootstrap类的

HTML表单的效果将如图7-2所示。代码如下：

```
<form>
  <div class="form-group">
    <label for="inputEmail">电子邮件地址</label>
    <input type="email" class="form-control" id="inputEmail" aria-describedby="emailHelp" placeholder="输入电子邮件">
    <small id="emailHelp" class="form-text text-muted">我们绝不会与任何人分享您的电子邮件。</small>
  </div>
  <div class="form-group">
    <label for="inputPassword">密码</label>
    <input type="password" class="form-control" id="inputPassword" placeholder="密码">
  </div>
  <div class="form-group form-check">
    <input type="checkbox" class="form-check-input" id="checkMeOut">
    <button type="submit" class="form-control">提交</button>
  </div>
  <button type="submit">提交</button>
</form>
```

图 7-2　带有 Bootstrap 类的表单

通过上面的代码示例可以看到，Bootstrap 提供的类可以优化表单元素之间的距离，使表单更整齐。Bootstrap 使用了响应式网格系统，使得表单控件的宽度可以根据设计需求灵活调整。默认情况下，许多表单控件的样式设置为 display: block 并且宽度为 100%，因此表单元素通常会垂直堆叠排列(如图7-2所示)。除此之外，Bootstrap 还提供了其他常见的表单布局，包括水平表单和内联表单。下面将分别介绍这些布局。

7.1.1　水平表单

通过应用 Bootstrap 网格系统中的 .form-row 类和 .col-{breakpoint}-{value} 类，可以实现表单的水平布局。在创建水平表单时，需要将 .col-form-label 类添加到表单标签，以便标签和表单控件能够垂直对齐，达到居中的效果。

【示例7-1】使用Bootstrap栅格系统中的类创建水平表单，效果如图7-3所示。

```html
<div class="container">
  <h2>水平表单示例</h2>
  <form>
    <div class="form-row">
      <div class="col-md-6 mb-3">
        <label for="firstName" class="col-form-label">名字</label>
        <input type="text" class="form-control" id="firstName" placeholder="请输入你的名字">
      </div>
      <div class="col-md-6 mb-3">
        <label for="email" class="col-form-label">邮箱</label>
        <input type="email" class="form-control" id="email" placeholder="请输入你的邮箱">
      </div>
    </div>
    <div class="form-row">
      <div class="col-md-6 mb-3">
        <label for="checkbox1" class="form-check-label">
          <input type="checkbox" class="form-check-input" id="checkbox1"> 接收邮件通知
        </label>
      </div>
      <div class="col-md-6 mb-3">
        <label for="checkbox2" class="form-check-label">
          <input type="checkbox" class="form-check-input" id="checkbox2"> 接收短信通知
        </label>
      </div>
    </div>
    <div class="form-row">
      <div class="col-md-6 mb-3">
        <label for="checkbox3" class="form-check-label">
          <input type="checkbox" class="form-check-input" id="checkbox3"> 接收App推送通知
        </label>
      </div>
    </div>
    <button class="btn btn-primary" type="submit">提交</button>
  </form>
</div>
```

以上代码中，<div class="form-row">是一个Bootstrap样式类，用来创建一个水平布局的表单行；<div class="col-md-6 mb-3">是一个包含输入元素的列，使用了Bootstrap的栅格系统类，表示这个列在中等屏幕宽度(md)上占据6个单位，带有一些底部间距(mb-3)；<label for="firstName" class="col-form-label">名字</label>是一个标签元素，用来描述接下来的文本输入框的用途，同时使用了Bootstrap的样式类"col-form-label"。

图 7-3　水平表单效果

7.1.2　内联表单

内联表单是指表单中的元素在同一行内水平排列的形式。与传统的块级表单不同，内联表单的元素在水平方向上排列，使得表单更加紧凑和整洁。应用Boostrap栅格系统中不同的布局类，可以使用不同方法实现内联表单。

1. 使用 .col-auto 类创建内联表单

使用栅格系统的.col-auto类可以将每个输入项设置为自动宽度，.g-{value}类可以用来在水平和垂直方向创建间隙，用于控制行和列的间隙宽度。

【示例7-2】在表单布局中应用.col-auto类，效果如图7-4所示。

```
<div class="container">
 <form class="row g-3 align-items-center">
  <div class="col-auto">
   <label for="inputEmail" class="visually-hidden">邮箱</label>
   <input type="email" class="form-control" id="inputEmail" placeholder="输入邮箱">
  </div>
  <div class="col-auto">
   <label for="inputPassword" class="visually-hidden">密码</label>
   <input type="password" class="form-control" id="inputPassword" placeholder="输入密码">
  </div>
  <div class="col-auto">
   <button type="submit" class="btn btn-primary">提交</button>
  </div>
 </form>
</div>
```

以上代码中，class="row"用于指定该表单是一个Bootstrap行容器，每个直接子元素都是一个独立的列；class="g-3"设置列之间的间隙(gutter)，g-3 指的是统一的间距单位；align-items-center将行中的所有列在垂直方向上居中对齐；class="col-auto"指定该列的宽度自动调整，以适应内容的宽度，而不是遵循预设的网格布局比例。

图 7-4　在表单中应用 .col-auto 类创建自动宽度表单

2. 使用 .row-cols-auto 类创建内联表单

.row-cols-auto类用于设置网格系统中自动调整宽度的列，其语法格式为：

.row-cols-{breakpoint}-auto

在表单网页中使用.gx-{value}类可添加水平间隙。

【示例7-3】使用.row-cols-auto类创建内联表单，效果如图7-5所示。

```
<div class="container mt-5">
 <form class="row row-cols-auto g-2 align-items-center">
  <div class="col">
   <label for="inputName" class="visually-hidden">姓名</label>
   <input type="text" class="form-control" id="inputName" placeholder="输入姓名">
  </div>
  <div class="col">
   <label for="inputEmail" class="visually-hidden">电子邮箱</label>
   <input type="email" class="form-control" id="inputEmail" placeholder="输入电子邮箱">
  </div>
  <div class="col">
   <label class="form-check-label">选择性别:</label>
   <div class="form-check">
    <input class="form-check-input" type="checkbox" id="maleCheckbox">
    <label class="form-check-label" for="maleCheckbox">男</label>
   </div>
   <div class="form-check">
    <input class="form-check-input" type="checkbox" id="femaleCheckbox">
    <label class="form-check-label" for="femaleCheckbox">女</label>
   </div>
  </div>
  <div class="col">
   <button type="submit" class="btn btn-primary">提交</button>
```

```
      </div>
    </form>
</div>
```

以上代码中，<form class="row row-cols-auto g-2 align-items-center">是表单的主要容器，使用了Bootstrap的.row 类来创建一行，并使用.row-cols-auto 类来根据内容自动调整列的宽度，.g-2 类添加了列之间的水平距离，.align-items-center 类则实现了垂直居中对齐；<div class="col">这个<div>元素作为一个列，包含了一个文本输入框和其对应的标签，.col 类定义了这个列将占据一整行的宽度。

图 7-5　应用 .row-cols-auto 类创建内联表单

7.1.3 复杂表单

使用复杂系统可以实现复杂的表单布局，特别是在设计具有多列不同宽度和不同对齐方式的表单时，这种系统尤为有用。

【示例7-4】使用栅格系统实现复杂的表单布局，效果如图7-6所示。

```
<body>
<div class="container mt-5">
  <form>
    <div class="form-row">
      <div class="form-group col-12 col-md-6 col-lg-4">
        <label for="inputEmail4">邮箱</label>
        <input type="email" class="form-control" id="inputEmail4" placeholder="邮箱">
      </div>
      <div class="form-group col-12 col-md-6 col-lg-4">
        <label for="inputPassword4">密码</label>
        <input type="password" class="form-control" id="inputPassword4" placeholder="密码">
      </div>
      <div class="form-group col-12 col-md-6 col-lg-4">
        <label for="inputUsername">用户名</label>
        <input type="text" class="form-control" id="inputUsername" placeholder="用户名">
      </div>
    </div>
    <div class="form-row">
      <div class="form-group col-12 col-md-6">
```

```html
        <label for="inputAddress">地址</label>
        <input type="text" class="form-control" id="inputAddress" placeholder="1234 主街">
      </div>
      <div class="form-group col-12 col-md-6">
        <label for="inputAddress2">地址 2</label>
        <input type="text" class="form-control" id="inputAddress2" placeholder="公寓、工作室或楼层">
      </div>
    </div>
    <div class="form-row">
      <div class="form-group col-12 col-md-4">
        <label for="inputCity">城市</label>
        <input type="text" class="form-control" id="inputCity">
      </div>
      <div class="form-group col-12 col-md-4">
        <label for="inputState">省/州</label>
        <select id="inputState" class="form-control">
          <option selected>选择...</option>
          <option>...</option>
        </select>
      </div>
      <div class="form-group col-12 col-md-4">
        <label for="inputZip">邮编</label>
        <input type="text" class="form-control" id="inputZip">
      </div>
    </div>
    <div class="form-row">
      <div class="form-group col-12 col-md-6">
        <label for="inputCaptcha">验证码</label>
        <div class="d-flex">
          <input type="text" class="form-control flex-grow-1" id="inputCaptcha" placeholder="输入验证码">
          <img src="Code.jpg" class="img-fluid ml-2" alt="验证码">
        </div>
      </div>
    </div>
    <div class="form-group">
      <div class="form-check">
        <input class="form-check-input" type="checkbox" id="gridCheck">
        <label class="form-check-label" for="gridCheck">
          同意条款
        </label>
      </div>
    </div>
    <button type="submit" class="btn btn-primary">提交</button>
</form>
```

```
        </div>
    </body>
```

图 7-6 复杂的表单布局的效果

示例7-4所示的代码使用了.form-row类将表单分为多行，每一行包含若干列。每列使用了不同的栅格类。

- .col-12：在所有屏幕尺寸上都占据12列(即100%宽度)。
- .col-md-6：在中等设备(md)及以上屏幕尺寸上占据6列(即50%宽度)。
- .col-lg-4：在大屏设备(lg)及以上屏幕尺寸上占据4列(即33.33%宽度)。

页面中的验证码部分使用了栅格嵌套和弹性布局工具类，使其在不同屏幕尺寸上具有良好的布局效果。例如，使用了.d-flex类将验证码输入框和验证码图片放在同一行，并使用.flex-grow-1类让输入框占据剩余空间，.ml-2类为验证码图片添加左侧外边距。

通过这种布局方式，确保在小屏设备上每行显示一个元素，在中等设备上每行显示两个元素，并在大屏设备上每行显示三个元素。验证码部分通过嵌套栅格和弹性布局，使输入框和图片在同一行显示，并且布局美观、响应性好。

7.2 表单控件

表单通过输入框、单选按钮和复选框等控件来提交数据，每个控件在交互过程中起着不同的作用。Bootstrap为各种控件提供了以"form-"开头的预定义类，这些类可以用来控制表单控件的样式，使其更加美观和一致。

7.2.1 输入框

输入框主要包括input元素和textarea元素。input元素用于输入单行文本，其type属性可以是text、password、file或color等。textarea元素则用于输入多行文本。

【示例7-5】在网页中设计输入框。

```
<body>
  <div class="container mt-5">
    < form action="">
      <div class="form-group">
        <label for="singleLineInput" class="form-label">单行文本输入框</label>
        <input type="text" class="form-control" id="singleLineInput" placeholder="输入单行">
        <small id="inputHelp" class="form-text text-muted">单行文本输入框的说明。</small>
      </div>
      <div class="form-group">
        <label for="multiLineInput" class="form-label">多行文本输入框</label>
        <textarea class="form-control" id="multiLineInput" rows="3" placeholder="输入多行"></textarea>
        <small id="textareaHelp" class="form-text text-muted">多行文本输入框的说明。</small>
      </div>
    </form>
  </div>
</body>
```

网页效果如图7-7所示。

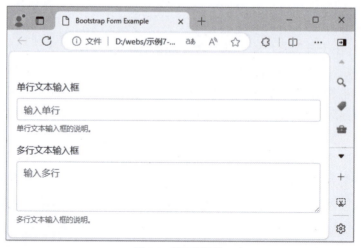

图7-7　输入框效果

示例7-5的主要代码说明如下。

○ <div class="container mt-5">：创建一个带有Bootstrap容器类和上边距(mt-5)的div，用于布局。

○ <div class="form-group">：每个输入字段被包裹在一个form-group类的div中，用于Bootstrap的表单样式

○ <label>：为每个输入字段提供标签，使用form-label类。

○ <input>：创建单行文本输入框，使用form-control类。

○ <textarea>：创建多行文本输入框，使用form-control类。

○ <small>：提供输入框的说明文本，使用form-text类和text-muted类，使文本显示为灰色。

在Bootstrap 5中，.form-control类用于为输入框设置圆角、浅色的边框，还用于设置display、width、padding等属性。

```
.form-control {
    display: block;
    width: 100%;
    padding: 0.375rem 0.75rem;
    font-size: 1rem;
    font-weight: 400;
    ...
}
```

在label元素上应用.form-label类，其功能是设置margin-bottom值为0.5rem；说明文本应用.form-text类，其功能是使字体字号变小、颜色变浅。

当input元素的type类型为file或color时，定义的是文件输入框或颜色输入框。Bootstrap 5的表单控件设置了disabled和readonly两种属性的样式。

【示例7-6】在网页中应用文件输入框和颜色输入框，并设置disabled和readonly属性，效果如图7-8所示。

```
<body class="container mt-2">
    <form action="">
        <div class="mb-2">
            <label for="file" class="form-label">请选择文件</label>
            <input class="form-control" type="file" id="file">
        </div>
        <div class="mb-2">
            <label for="color" class="form-label">请选择颜色</label>
            <input class="form-control form-control-color" type="color" id="color" placeholder="请选择颜色">
        </div>
        <div class="mb-2">
            <p class="form-label">控件的 disabled 属性</p>
            <input class="form-control form-control-color" type="password" id="disabledInput" disabled>
        </div>
        <div class="mb-2">
            <p class="form-label">控件的 readonly 属性</p>
            <input class="form-control form-control-color" type="password" id="readonlyInput" readonly>
        </div>
    </form>
</body>
```

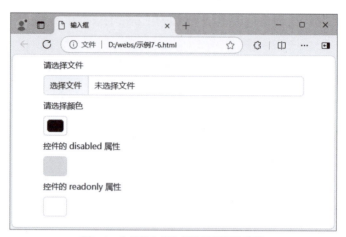

图 7-8 文件输入框和颜色选择框的效果

在以上代码中,颜色输入框应用了.form-control类和.form-control-color类,其中.form-control-color类用于设置输入框的宽度和内边距属性。从图7-8可以看出,Bootstrap 5 为.form-control类的disabled状态和readonly状态设置了背景色和透明度样式,代码如下:

```
.form-control:disabled,
.form-control[readonly] {
  background-color: #e9ecef;
  opacity: 1;
}
```

对于输入框的大小设置,Bootstrap 5 提供了.form-control-lg类和.form-control-sm类,这两个类提供大号和小号的样式选择。然而,这两个类需要与.form-control类组合使用,例如下面的代码:

```
<form>
  <input class="form-control form-control-lg" type="text" placeholder="较大的控件">
  <input class="form-control" type="text" placeholder="正常的控件">
  <input class="form-control form-control-sm" type="text" placeholder="较小的控件">
</form>
```

7.2.2 单选按钮和复选框

在Bootstrap 5中,单选按钮和复选框可以用来作为选择列表中的一个或多个选项。要设置这些元素的样式,可以使用.form-check、.form-check-input和.form-check-label类。

【示例7-7】在网页中应用单选按钮和复选框,效果如图7-9所示。

```
<body class="container mt-2">
  <form action="">
    <div class="form-check">
      <input class="form-check-input" type="checkbox" id="check1" value="c1" checked>
      <label class="form-check-label" for="check1">被选中的复选框</label>
```

```html
    </div>
    <div class="form-check">
      <input class="form-check-input" type="checkbox" id="check2" value="c2">
      <label class="form-check-label" for="check2">默认状态的复选框</label>
    </div>
    <hr />
    <div class="form-check">
      <input class="form-check-input" type="radio" name="radio1" id="radio1" value="r1" checked>
      <label class="form-check-label" for="radio1">被选中的单选按钮</label>
    </div>
    <div class="form-check">
      <input class="form-check-input" type="radio" name="radio1" id="radio2" value="r2">
      <label class="form-check-label" for="radio2">默认状态的单选按钮</label>
    </div>
  </form>
</body>
```

图 7-9 单选按钮和复选框的效果

在Bootstrap 5中，可以使用.form-check类来定义复选框或单选按钮的容器。该类设置了display、min-height和padding-left等属性，定义如下：

```css
.form-check {
    display: block;
    min-height: 1.5rem;
    padding-left: 1.5em;
    margin-bottom: 0.125rem;
}
```

.form-check-input类则用于定义输入元素的样式，其width和height属性的值均为1em，此外还包括margin-top、vertical-align等属性。.form-check-label类定义标签的透明度和颜色。

对于复选框，Bootstrap 5还提供了开关(switch)样式。在这种情况下，需要将.form-check 类和.form-switch类结合使用来定义容器。这种样式通常用于页面上的选项切换。

【示例7-8】在网页中设计复选开关，效果如图7-10所示。

```html
<body class="container mt-2">
  <form action="">
```

```html
    <div class="form-check form-switch">
      <input class="form-check-input" type="checkbox" id="check1">
      <label class="form-check-label" for="check1">默认状态</label>
    </div>
    <div class="form-check form-switch">
      <input class="form-check-input" type="checkbox" id="check2" checked>
      <label class="form-check-label" for="check2">选中状态</label>
    </div>
    <div class="form-check form-switch">
      <input class="form-check-input" type="checkbox" id="check3" disabled>
      <label class="form-check-label" for="check3">禁用状态</label>
    </div>
  </form>
</body>
```

图 7-10　复选框开关的效果

以上示例展示了三种复选开关的状态：默认状态、选中状态和禁用状态。通过form-check form-switch类，应用了 Bootstrap 5 的开关样式。

.form-switch 类设置了 padding-left 属性的值为 2.5em，而 .form-check-input 类则设置了 margin-left、background-image 和 background-position 等属性。默认情况下，单选按钮和复选框是垂直堆叠排列的，但如果为每个 .form-check 容器添加 .form-check-inline 类(该类的display属性值为inline-block)，就可以实现水平排列。

以下代码展示了如何实现复选框和单选按钮的水平排列：

```html
<body class="container mt-2">
  <form action="">
    <div class="form-check form-check-inline">
      <input class="form-check-input" type="checkbox" id="check1" value="c1" checked>
      <label class="form-check-label" for="check1">选中的复选框</label>
    </div>
    <div class="form-check form-check-inline">
      <input class="form-check-input" type="checkbox" id="check2" value="c2">
      <label class="form-check-label" for="check2">默认的复选框</label>
    </div>
    <div class="form-check form-check-inline">
      <input class="form-check-input" type="radio" name="radio1" value="r1" checked>
      <label class="form-check-label">选中的单选按钮</label>
    </div>
```

```
    </form>
  </body>
```

7.2.3 下拉列表

下拉列表可以通过select元素来实现，并应用.form-select类来进行样式设置。如果需要使下拉列表处于禁用状态，可以在select元素上添加disabled属性，这样下拉列表将呈现为灰色，表示不可用。

【示例7-9】在网页中应用下拉列表，效果如图7-11所示。

```
<body class="container mt-2">
  <form>
    <div class="mb-2">
      <label for="province" class="form-label">选择省份</label>
      <select name="province" class="form-select" id="province">
        <option value="">--请选择省份--</option>
        <option value="gd">广东省</option>
        <option value="fj">福建省</option>
        <option value="jx">江西省</option>
        <option value="hn">湖南省</option>
      </select>
    </div>
    <div class="mb-2">
      <label for="registration" class="form-label">选择注册地</label>
      <select name="registration" class="form-select" id="registration">
        <option value="">--请选择注册地--</option>
      </select>
    </div>
  </form>
  <script src="https://code.jquery.com/jquery-3.1.1.min.js"></script>
  <script>
    $(function() {
      let $province = $("#province"),
        $registration = $("#registration");
      let registrationLocationsByProvince = {
        "gd": ["广州", "深圳", "珠海", "东莞"],
        "fj": ["福州", "厦门", "泉州"],
        "jx": ["南昌", "赣州", "九江"],
        "hn": ["长沙", "株洲", "湘潭"]
      };
      $province.change(function() {
        let selectedProvince = $province.val();
        $registration.empty();
        if (selectedProvince) {
```

```
            $.each(registrationLocationsByProvince[selectedProvince], function(index, value) {
              $registration.append('<option value="' + value + '">' + value + '</option>');
            });
          }
        });
      });
    </script>
  </body>
```

图7-11 下拉列表效果

.form-select 类与 .form-control 类的定义基本相似,都设置了display、width、padding等属性。以上示例定义了两个select元素。用户在上方的下拉列表中选择省份后,下方的下拉列表将显示该省的城市,实现两个下拉列表之间的联动。为了实现这一联动功能,使用了 jQuery 框架来处理下拉列表相关的事件。关于下拉列表的基本使用,可以参考示例的前半部分代码;至于jQuery部分,可以查阅相关文档以获取更多信息。

7.2.4 滑动条

滑动条用于实现自定义范围的数据输入。将input元素的type属性设置为range,即可创建滑动条。为该元素添加.form-range类,可以对滑动条样式进行设置。

【示例7-10】在网页中应用滑动条,效果如图7-12所示。

```
<body class="container mt-2">
  <form>
    <div class="mb-2">
      <label for="volumeControl" class="form-label">音量控制(5-10)</label>
      <input type="range" class="form-range" id="volumeControl" max="10" min="5" step="0.5">
    </div>
    <div class="mb-2">
      <label for="mutedVolume" class="form-label">音量控制(静音)</label>
      <input type="range" class="form-range" id="mutedVolume" disabled>
    </div>
  </form>
</body>
```

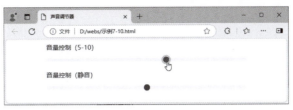

图 7-12 滑动条效果

在以上示例中，滑动条被定义了max、min 和step属性，用于实现特定范围的选择功能。.form-range类设置了滑动条的width、height、padding和background-color等样式属性，以提升滑动条的视觉效果。

7.2.5 输入框组

输入框组(input group)是一种将多个input控件与按钮、图标或文本组合在一起的组件。通过使用输入框组，可以方便地为输入项添加不同样式的前缀或后缀，从而提升表单的交互性和美观性。

【示例7-11】在网页中应用输入框组，效果如图7-13所示。

```
<body class="container mt-2">
 <form>
  <!-- 用户名输入框组 -->
  <div class="input-group mb-2">
    <input type="text" class="form-control" placeholder="请输入用户名">
    <button class="btn btn-primary" type="button">搜索用户</button>
  </div>
  <!-- 邮箱输入框组 -->
  <div class="input-group mb-2">
    <input type="text" class="form-control" placeholder="请输入您的邮箱地址">
    <span class="input-group-text" id="addon2">@example.com</span>
  </div>
  <!-- 金额输入框组 (使用人民币) -->
  <div class="input-group mb-2">
    <span class="input-group-text">¥</span>
    <input type="text" class="form-control" placeholder="请输入金额">
    <span class="input-group-text">.00</span>
  </div>
  <!-- 地址输入框组 -->
  <div class="input-group mb-2">
    <input type="text" class="form-control" placeholder="请输入您的街道地址">
    <span class="input-group-text"><i class="bi bi-search"></i> 查找地址</span>
  </div>
 </form>
</body>
```

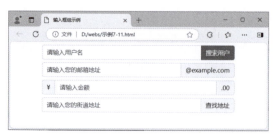

图 7-13 输入框组效果

在以上示例中,将输入框与按钮、文本和图标组合,构成了多个输入框组。使用的图标来自 Bootstrap 5 的 Bootstrap Icons 图标库。

创建输入框组时,需要在容器上添加 .input-group 类。要为文本元素添加样式,并将其作为前缀或后缀放置在输入框旁边,则使用 .input-group-text 类。

在Bootstrap 5中,.input-group类用于设置输入框组的弹性布局,相关的CSS定义如下:

```
.input-group {
  position: relative;
  display: flex;
  flex-wrap: wrap;
  align-items: stretch;
  width: 100%;
}
```

.input-group-text 类将文本描述元素也设置为弹性布局,并通过 align-items、font-size、padding 和 text-align 等属性对其进行样式调整。这种弹性布局使得输入框与其他元素(如按钮、图标等)能灵活组合,增强了组件的可用性和视觉效果。

7.3 表单校验

在提交表单数据时,通常需要对数据进行格式校验。例如,输入的电子邮件地址必须符合标准的邮件格式,气温或工资等数值数据则应在合理范围内。如果数据未通过校验,系统会提示用户重新输入。Bootstrap 5 提供了一些样式类,可以用来标识提交的数据是否通过了校验。数据校验通常分为客户端校验和服务器端校验两类。客户端校验可以减少网络负载并提升用户体验,而服务器端校验则确保数据的安全性与一致性。本节主要介绍如何在 Web 前端开发中实现表单的客户端校验。

客户端校验主要依靠 HTML5 提供的表单校验功能。HTML5 的表单数据校验包括以下几种情况。

(1) valueMissing:表单元素设置了required特性,表示为必填项。如果必填项的值为空,将无法通过表单验证,valueMissing属性会返回true,否则返回false。例如通过required 属性强制要求用户输入文本内容:

```
<input type="text" required>
```

(2) typeMismatch：表示输入的数据与控件的类型不匹配，例如电子邮件输入框的格式不正确，则typeMismatch属性返回true，否则返回false。示例：

```
<input type="email">
```

(3) patternMismatch：通过 pattern 属性设定正则表达式，校验输入的数据格式是否合法。示例：

```
<input type="text" pattern="[0-9]{12}">
```

(4) tooLong：使用 maxlength 属性限制输入的字符长度，防止用户输入过长的数据。示例：

```
<textarea id="notes" name="notes" maxlength="100"></textarea>
```

(5) rangeUnderflow：使用 min 属性限制数值控件的最小值，确保输入值不低于指定范围。示例：

```
<input type="number" min="0" value="20">
```

(6) rangeOverflow：使用 max 属性限制数值控件的最大值，确保输入值不超出上限。示例：

```
<input type="number" max="100" value="20">
```

(7) stepMismatch：使用 min、max 和 step 属性确保输入的数据符合步进规则。示例：

```
<input type="number" min="0" max="100" step="10" value="20">
```

(8) customError：自定义错误提示，可以用于校验两次输入的密码是否一致。

通过设置这些验证属性，表单可以使用.valid和.invalid 伪类分别标识数据是否通过了校验，进而应用相应的样式。

【示例7-12】在网页中实现表单的客户端校验，效果如图7-14所示。

```html
<body class="p-3">
  <form novalidate>
    <div class="row g-2">
      <div class="col-6">
        <label for="email" class="form-label">电子邮件</label>
        <input type="email" class="form-control" id="email" required>
        <div class="invalid-feedback">请输入有效的电子邮件地址</div>
      </div>
      <div class="col-6">
        <label for="password" class="form-label">密码</label>
        <input type="password" class="form-control" id="password" required>
        <div class="invalid-feedback">请输入密码</div>
      </div>
      <div class="col-4">
```

```html
            <label for="province" class="form-label">所在省份</label>
            <select class="form-select" id="province" required>
              <option selected disabled>请选择</option>
              <option>浙江省</option>
              <option>江苏省</option>
              <option>福建省</option>
            </select>
            <div class="invalid-feedback">请选择所在省份</div>
          </div>
          <div class="col-4">
            <label for="phone" class="form-label">联系电话</label>
            <input type="text" class="form-control" id="phone" required pattern="\d{11}">
            <div class="invalid-feedback">请输入11位手机号码</div>
          </div>
          <div class="col-4">
            <label for="postcode" class="form-label">邮政编码</label>
            <input type="text" class="form-control" id="postcode">
          </div>
          <div class="col-6">
            <div class="form-check">
              <input class="form-check-input" type="checkbox" id="confirm" required>
              <label for="confirm" class="form-check-label">我已阅读并同意相关条款</label>
              <div class="valid-feedback">已确认</div>
            </div>
          </div>
          <div class="col-3">
            <button class="btn btn-success" type="submit">提交</button>
          </div>
        </div>
      </form>
      <script src="https://code.jquery.com/jquery-3.1.1.min.js"></script>
      <script>
        $(function () {
          $('form').on('submit', function (event) {
            let form = $(this);
            if (!form[0].checkValidity()) {
              form.addClass('was-validated');
              event.preventDefault();
              event.stopPropagation();
            }
          });
        });
      </script>
    </body>
```

图 7-14　客户端校验效果

实现客户端校验的要点如下。

(1) 禁用默认验证：在<form>元素上使用novalidate属性，防止浏览器执行默认的验证行为。

(2) 引入 jQuery：导入jQuery库，通过jQuery拦截表单的submit事件。

(3) 自定义校验逻辑：使用HTML5的原生表单验证方法checkValidity()，当验证不通过时，向<form>元素添加Bootstrap 5的.was-validated类，以便显示相应的提示信息。

(4) 提示信息的显示：在.invalid-feedback 容器内定义未通过验证时的提示信息。如果需要在验证通过后显示提示信息，可以在复选框的提示代码中使用.valid-feedback。

(5) 对于服务端校验或插件校验，还可以在input、select等元素上使用.is-valid或.is-invalid 类来直接显示校验结果。

7.4　实战演练——酒店入住订购网页

本章介绍了表单样式的相关知识。在下面的实战案例中，我们将设计一个复杂的网页，涵盖主页、侧边栏导航和登录页面。主页将展示网站的主要内容和功能，包括特色服务和最新动态。侧边栏导航则提供更加直观的访问路径，方便用户快速找到所需信息。登录页则将重点应用我们学习的表单样式，通过友好的用户界面和清晰的输入提示，提升用户体验。通过这个案例，我们将综合运用所学的表单样式知识，为用户打造一个美观、实用且响应迅速的网页设计，确保每个部分都能无缝连接，提升网站的整体效果。

7.4.1　案例概述

本案例将设计一个复杂的网站，主要设计目标包括：完成一个复杂的页头区，该区域包含左侧隐藏的导航、品牌Logo以及右上角的实用导航(登录表单)；实现企业风格的配色方案，以增强整体视觉一致性；采用响应式布局来展示特色区域，确保其在不同设备上的良好展示效果；实现特色展示图片的遮罩效果，以增加页面的美观性和层次感；最后，将页脚设置为多栏布局，以便更好地组织和呈现相关信息。

本案例制作的网页效果如图7-15所示。

图7-15　网页效果

7.4.2　设计主页

在网页开发过程中,主页的设计与制作将占用整个项目时间的30%～40%。主页的设计至关重要,它是用户对网站产生第一印象的关键因素,直接影响网站的成功与否。一个优秀的主页应让用户能够迅速对整个网站有全面的了解。

1. 主页布局

本例中的主页主要包含以下几个模块:页头导航条、轮播广告区、功能区、特色推荐以及页脚区。每个模块就像一块"积木",如何利用创意和想象力将它们组合成一个美观的整体,是设计的关键。

2. 设计导航条

第一步是构建导航条的HTML结构。在本例中,导航条包含三个图标,图标的布局采用了Bootstrap的网格系统。具体代码如下:

```
<div class="row">
    <div class="col-4"></div>
```

```
    <div class="col-4"></div>
    <div class="col-4"></div>
    <div class="col-4"></div>
</div>
```

第二步，我们将应用Bootstrap的样式来设计导航条的视觉效果。首先，在导航条外部添加一个包含容器 <div class="head fixed-top">，通过自定义的 .head 类控制导航条的背景颜色，并利用 .fixed-top 类将导航栏固定在页面顶部。随后，为Bootstrap网格系统中的每一列添加水平对齐样式.text-center和.text-right，同时为中间的两个容器添加显示属性.d-none 和 .d-sm-block 以实现响应式布局。

以下是具体的代码实现：

```
<div class="head fixed-top"> <!-- 使用 fixed-top -->
    <div class="mx-5 row py-3">
        <!-- 左侧图标 -->
        <div class="col-4">
            <a class="show" href="javascript:void(0);">
                <i class="fa fa-bars fa-2x"></i>
            </a>
        </div>
        <!-- 中间图标(大屏设备) -->
        <div class="col-4 text-center d-none d-sm-block">
            <a href="javascript:void(0);">
                <i class="fa fa-television fa-2x"></i> <!-- 大屏设备图标 -->
            </a>
        </div>
        <!-- 右侧图标 -->
        <div class="col-auto ms-auto text-right">
            <a class="show" href="javascript:void(0);">
                <i class="fa fa-user fa-2x"></i>
            </a>
        </div>
    </div>
</div>
```

设计CSS样式如下：

```
.head {
    background: #00aa88; /* 定义背景色 */
    z-index: 50; /* 设置元素的堆叠顺序 */
}
.head a {
    color: white; /* 定义字体颜色 */
}
```

实现网页效果如图7-16所示。

3. 设计轮播

下面设计基于Bootstrap框架的轮播组件，包含三个轮播项，每个轮播项都展示一张图片和相应的标题与说明文字。组件具有左右导航功能，用户可以通过单击按钮来切换不同的轮播项。同时，代码还引入了必要的Bootstrap和Popper.js库，以确保轮播功能的正常运行。

图7-16 导航条效果

完整代码如下：

```html
<div id="carouselControls" class="carousel slide" data-bs-ride="carousel">
  <div class="carousel-inner max-h">
    <!-- 第一个轮播项 -->
    <div class="carousel-item active">
      <img src="images/slide1.jpg" class="d-block w-100" alt="...">
      <div class="carousel-caption d-none d-sm-block">
        <h5>推荐</h5>
        <p>说明</p>
      </div>
    </div>
    <!-- 第二个轮播项 -->
    <div class="carousel-item">
      <img src="images/slide2.jpg" class="d-block w-100" alt="...">
      <div class="carousel-caption d-none d-sm-block">
        <h5>推荐</h5>
        <p>说明</p>
      </div>
    </div>
    <!-- 第三个轮播项 -->
    <div class="carousel-item">
      <img src="images/slide3.jpg" class="d-block w-100" alt="...">
      <div class="carousel-caption d-none d-sm-block">
        <h5>推荐</h5>
        <p>说明</p>
      </div>
    </div>
  </div>
  <!-- 左导航按钮 -->
  <a class="carousel-control-prev" href="#carouselControls" role="button" data-bs-slide="prev">
    <span class="carousel-control-prev-icon" aria-hidden="true"></span>
    <span class="visually-hidden">Previous</span>
  </a>
  <!-- 右导航按钮 -->
  <a class="carousel-control-next" href="#carouselControls" role="button" data-bs-slide="next">
```

```
        <span class="carousel-control-next-icon" aria-hidden="true"></span>
        <span class="visually-hidden">Next</span>
      </a>
    </div>
    <script src="https://cdn.jsdelivr.net/npm/@popperjs/core@2.11.6/dist/umd/popper.min.js"></script>
    <script src="https://cdn.jsdelivr.net/npm/bootstrap@5.3.0/dist/js/bootstrap.min.js"></script>
    <!-- 添加 Bootstrap JS -->
</body>
```

实现的网页效果如图7-17所示。

图7-17 轮播效果

考虑到布局设计，在图文内容框中添加了自定义样式max-h，用于设定图文内容框的最大高度，避免因图片过大而影响整个页面布局。相关代码如下：

```
.max-h {
    max-height: 500px;
}
```

4. 设计功能区

功能区包括欢迎区、功能导航区和搜索区三部分。

欢迎区的设计代码如下：

```
<div class="text-center">
    <h2 class="CO1or">欢迎 您的光临</h2>
    <h6 class="my-3">我们专业的服务团队致力于为您提供最舒适、最便捷的住宿体验</h6>
</div>
```

功能导航区采用了Bootstrap的导航组件。导航栏使用<ul class="nav justify-content-center">进行定义，并通过justify-content-center类实现水平居中。每个导航项使用<li class="nav-item">定义，而每个项目中的链接则添加了nav-link类。

设计代码如下：

```html
<ul class="nav justify-content-center nav-head">
    <li class="nav-item">
        <a class="nav-links_1" href="#">
            <i class="fa fa-bed"></i>
            <h6 class="s1n2e">预订房间</h6>
        </a>
    </li>
    <li class="nav-item">
        <a class="nav-links" href="#">
            <i class="fa fa-calendar-check"></i>
            <h6 class="s1n2e">查看订单</h6>
        </a>
    </li>
    <li class="nav-item">
        <a class="nav-links" href="#">
            <i class="fa fa-hotel"></i>
            <h6 class="size">酒店设施</h6>
        </a>
    </li>
</ul>
```

搜索区使用了表单组件。搜索表单包含在<div class="container">容器中，代码如下：

```html
<div class="container my-3 text-center">
    <h5>查找您需要的酒店房间 <i class="fa fa-hand-o-down"></i></h5>
    <div class="container">
        <form>
            <div class="form-group">
                <input type="search" class="form-control form-control-lg" placeholder="您需要预订的酒店名称或者房间类型">
            </div>
        </form>
        <a href="#" class="btn border d-block text-center py-2">搜索</a>
    </div>
</div>
```

为了美化页面的整体效果，需要为功能区自定义一些样式代码：

```css
.nav-head li {
    text-align: center;
    margin-left: 15px;
```

```
}
.nav-head li i {
   display: block;
   width: 50px;
   height: 50px;
   border-radius: 50%;
   padding-top: 10px;
   font-size: 1.5rem;
   margin-bottom: 10px;
   color: white;
   background: #00aa88;
}
.size {
   font-size: 1.3rem;
}
.btn1 {
   width: 200px;
   background: #00aa88;
   color: white;
   margin: auto;}
.btn1:hover {
   color: #8B008B;
}
```

实现的网页效果如图7-18所示。

图7-18　功能区页面效果

5. 设计展示区域

(1) 为网格系统设计布局，并添加响应类。在中屏及以上设备(>768px)显示为每行3列；在小屏设备(<768px)下显示为每行一列：

```html
<div class="row">
    <div class="col-12 col-md-4"></div>
    <div class="col-12 col-md-4"></div>
    <div class="col-12 col-md-4"></div>
</div>
```

(2) 在每列中添加展示图片及说明。说明框使用了 Bootstrap 框架的卡片组件，使用 <div class="card"> 定义，主体内容框使用 <div class="card-body"> 定义。代码如下：

```html
<div class="box">
    <img src="images/hotel001.jpg" class="img-fluid" alt="Hotel Room">
    <div class="card border-0 pt-0">
        <div class="card-body">
            <h6>房型：豪华双床房</h6>
            <h6>面积：36平方米</h6>
            <h6>每晚价格：1200元</h6>
            <h6 class="mt-3">
                <a href="#" class="btn2 border py-1 px-3">预订</a>
            </h6>
        </div>
    </div>
</div>
```

实现的网页效果如图7-19所示。

图 7-19　大屏幕和小屏幕显示效果

(3) 为展示图片设计遮罩效果。设计遮罩效果后，默认状态下，遮罩层(<div class="box-content">)处于隐藏状态。当鼠标经过图片时，遮罩层将逐渐显现，并通过绝对定位覆盖在展示图片的上方。以下是相应的HTML代码：

```html
<div class="box">
    <img src="images/hotel.jpg" class="img-fluid" alt="酒店展示图片">
    <div class="box-content">
        <h3 class="title">酒店名称</h3>
        <span class="post">北京豪华酒店</span>
        <ul class="icon">
            <li><a href="#"><i class="fa fa-info-circle"></i></a></li>
            <li><a href="#"><i class="fa fa-calendar-check"></i></a></li>
            <li><a href="#"><i class="fa fa-book"></i></a></li>
        </ul>
    </div>
</div>
```

设计CSS样式如下：

```css
.box {
    text-align: center;
    overflow: hidden;
    position: relative;
}
.box:before {
    content: "";
    width: 0;
    height: 100%;
    background: #000;
    position: absolute;
    top: 0;
    left: 50%;
    opacity: 0;
    transition: all 0.5s ease 0s;
}
.box:hover:before {
    width: 100%;
    left: 0;
    opacity: 0.5;
}
.box img {
    width: 100%;
    height: auto;
}
.box .box-content {
```

```css
    width: 100%;
    padding: 14px 18px;
    transition: all 500ms cubic-bezier(0.47, 0, 0.745, 0.715) 0s;
    color: #fff;
    position: absolute;
    top: 10%;
    left: 0;
}
.box .title {
    font-size: 25px;
    font-weight: 600;
    line-height: 30px;
    opacity: 0;
    transition: all 0.5s ease 1s;
}
.box .post {
    font-size: 15px;
    opacity: 0;
    transition: all 0.5s ease 0s;
}
.box:hover .title,
.box:hover .post {
    opacity: 1;
    transition-delay: 0.7s;
}
.box .icon {
    padding: 0;
    margin: 0;
    list-style: none;
    margin-top: 15px;
}
.box .icon li {
    display: inline-block;
}
.box .icon li a {
    display: block;
    width: 40px;
    height: 40px;
    line-height: 40px;
    border-radius: 50%;
    background: #f74e55;
    font-size: 20px;
    font-weight: 700;
    color: #fff;
```

```
    margin-right: 5px;
    opacity: 0;
    transition: all 0.5s ease 0s;
}
.box:hover .icon li a {
    opacity: 1;
    transition-delay: 0.5s;
}
.box:hover .icon li:last-child a {
    transition-delay: 0.8s;
}
```

实现的网页效果如图7-20所示。

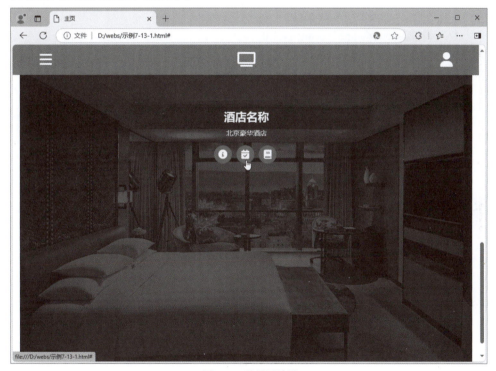

图 7-20　遮罩层效果

6. 设计网页脚注

脚注部分由三行构成，前两行包含联系和企业信息链接，采用Bootstrap导航组件设计，最后一行为版权信息。设计代码如下：

```
<div class="bg-dark py-5">
    <div class="container">
        <div class="row">
            <div class="col-md-3 mb-4 mb-md-0">
                <h5 class="text-white">关于我们</h5>
                <ul class="list-unstyled">
```

```html
            <li><a class="text-light" href="#">酒店历史</a></li>
            <li><a class="text-light" href="#">我们的使命</a></li>
            <li><a class="text-light" href="#">新闻与活动</a></li>
          </ul>
        </div>
        <div class="col-md-3 mb-4 mb-md-0">
          <h5 class="text-white">客户服务</h5>
          <ul class="list-unstyled">
            <li><a class="text-light" href="#">常见问题</a></li>
            <li><a class="text-light" href="#">预订帮助</a></li>
            <li><a class="text-light" href="#">退款政策</a></li>
          </ul>
        </div>
        <div class="col-md-3 mb-4 mb-md-0">
          <h5 class="text-white">联系方式</h5>
          <ul class="list-unstyled">
            <li><a class="text-light" href="#">联系我们</a></li>
            <li><a class="text-light" href="#">投诉与建议</a></li>
            <li><a class="text-light" href="#">合作伙伴</a></li>
          </ul>
        </div>
        <div class="col-md-3">
          <h5 class="text-white">关注我们</h5>
          <ul class="nav justify-content-center list-unstyled pb-3">
            <li class="nav-item">
              <a class="nav-link text-light" href="#">
                <i class="fab fa-qq"></i>
              </a>
            </li>
            <li class="nav-item">
              <a class="nav-link text-light" href="https://www.example.com">
                <i class="fab fa-weixin"></i>
              </a>
            </li>
            <li class="nav-item">
              <a class="nav-link text-light" href="https://www.example.com">
                <i class="fab fa-twitter"></i>
              </a>
            </li>
            <li class="nav-item">
              <a class="nav-link text-light" href="#">
                <i class="fab fa-maxcdn"></i>
              </a>
            </li>
```

```html
            </ul>
        </div>
    </div>
</div>
<hr class="border-white my-0 mx-5" style="border: 1px dotted red"/>
<div class="text-center text-white mt-2">Copyright 2020-2024 酒店名称 版权所有</div>
</div>
```

设计CSS样式如下：

```css
/* 基本样式 */
body {
    font-family: 'Arial', sans-serif;
    line-height: 1.6;
    background-color: #333;
    color: #fff;
}
/* 容器样式 */
.container {
    max-width: 1200px;
    margin: 0 auto;
    padding: 0 15px;
}
/* 标题样式 */
h5 {
    font-size: 1.2rem;
    font-weight: bold;
    margin-bottom: 15px;
    text-transform: uppercase;
    letter-spacing: 1px;
}
/* 列表样式 */
ul {
    list-style: none;
    padding: 0;
}
ul li {
    margin-bottom: 8px;
}
ul li a {
    text-decoration: none;
    transition: color 0.3s ease;
}
ul li a:hover {
    color: #ff6347; /* 亮红色 */
```

```css
}
/* 社交链接样式 */
.nav-link {
    font-size: 1.5rem;
    padding: 0 10px;
    transition: color 0.3s ease;
}
.nav-link:hover {
    color: #ff6347; /* 亮红色 */
}
/* 分隔线样式 */
hr {
    border: 1px dotted #ff6347; /* 亮红色 */
    margin: 15px 0;
}
/* 版权信息样式 */
.text-center {
    font-size: 0.9rem;
    opacity: 0.8;
}
/* 背景和间距样式 */
.bg-dark {
    background-color: #2c3e50; /* 深蓝色 */
    padding: 30px 0;
}
.py-5 {
    padding-top: 5rem !important;
    padding-bottom: 5rem !important;
}
.mb-4 {
    margin-bottom: 1.5rem !important;
}
.mb-md-0 {
    margin-bottom: 0 !important;
}
/* 响应式样式 */
@media (max-width: 768px) {
    .col-md-3 {
        margin-bottom: 20px;
    }
    .h5 {
        font-size: 1rem;
    }
    .nav-link {
```

```
        font-size: 1.2rem;
    }
}
```

实现的网页脚注效果如图7-21所示。

图 7-21　脚注效果

7.4.3　设计侧边栏

本案例实现的侧边导航栏代码如下：

```
<div class="sidebar">
    <!-- 新增的酒店预订结构名称 -->
    <h3 style="margin-bottom: 20px; text-align: center;">酒店预订中心</h3>

    <div class="hotel-booking-info">
        <!-- 为"酒店入住预订"标题添加下边距 -->
        <h4 style="margin: 50px 0 10px 0;">酒店入住预订</h4>
        <p>欢迎使用我们的酒店预订服务。请选择以下选项来预订您的住宿：</p>
        <ul>
            <li><a href="#">查看可用房间</a></li>
            <li><a href="#">预订豪华客房</a></li>
            <li><a href="#">预订标准客房</a></li>
            <li><a href="#">取消预订</a></li>
        </ul>
        <p>如有任何问题，请联系我们的客服中心：</p>
        <p><strong>电话:</strong> 123-456-7890</p>
        <p><strong>邮箱:</strong> support@hotel.com</p>
    </div>
</div>
```

实现侧边导航栏的JavaScript脚本代码如下：

```
<script src="https://code.jquery.com/jquery-3.6.0.min.js"></script>
<script
```

```
$(function() {
    let isSidebarVisible = false;

    // 单击按钮弹出或收起侧边栏
    $('.show').click(function() {
        if (isSidebarVisible) {
            $('.sidebar').animate({
                left: '-200px'
            }, function() {
                isSidebarVisible = false;
            });
        } else {
            $('.sidebar').animate({
                left: '0px'
            }, function() {
                isSidebarVisible = true;
            });
        }
    });
});
</script>
```

为侧边栏设计CSS样式代码如下:

```
.sidebar {
    left: -300px;
    width: 300px;
    background-color: #f4f4f4;
    border: 1px solid #ddd;
    border-radius: 8px;
    padding: 20px;
    box-shadow: 0 2px 10px rgba(0, 0, 0, 0.1);
}
.sidebar h3 {
    font-size: 24px;
    color: #333;
    margin: 0;
}
.sidebar .hotel-booking-info h4 {
    font-size: 20px;
    color: #555;
    margin: 30px 0 10px 0;
}
.sidebar p {
```

```css
    font-size: 14px;
    color: #666;
    line-height: 1.5;
}
.sidebar ul {
    list-style-type: none;
    padding: 0;
}.sidebar ul li {
    margin: 10px 0;
}
.sidebar ul li a {
    text-decoration: none;
    color: #007BFF;
    transition: color 0.3s;
}
.sidebar ul li a:hover {
    color: #0056b3;
}
.sidebar strong {
    color: #000;
}
```

实现的网页侧边栏效果如图7-22所示。

图 7-22　侧边栏效果

7.4.4 添加登录模块

修改7.4.3节设计的侧边栏代码,在侧边栏上方增加一个用户登录表单,代码如下:

```html
<div class="sidebar">
    <!-- 新增的酒店预订结构名称 -->
    <h3 style="margin-bottom: 20px; text-align: center;">酒店预订中心</h3>

    <!-- 登录表单 -->
    <div class="login-form">
        <h4 style="margin: 50px 0 10px 0;">登录</h4>
        <form>
            <div class="form-group">
                <label for="username">用户:</label>
                <input type="text" id="username" name="username" required>
            </div>
            <div class="form-group">
                <label for="password">密码:</label>
                <input type="password" id="password" name="password" required>
            </div>
            <button type="submit">登录</button>
        </form>
        <p>还没有账户?<a href="#">注册</a></p>
    </div>

    <div class="hotel-booking-info">
        <!-- 为"酒店入住预订"标题添加下边距 -->
        <h4 style="margin: 50px 0 10px 0;">酒店入住预订</h4>
        <p>欢迎使用我们的酒店预订服务。请选择以下选项来预订您的住宿:</p>
        <ul>
            <li><a href="#">查看可用房间</a></li>
            <li><a href="#">预订豪华客房</a></li>
            <li><a href="#">预订标准客房</a></li>
            <li><a href="#">取消预订</a></li>
        </ul>
        <p>如有任何问题,请联系我们的客服中心:</p>
        <p><strong>电话:</strong> 123-456-7890</p>
        <p><strong>邮箱:</strong> support@hotel.com</p>
    </div>
</div>
```

实现的网页效果如图7-23所示。

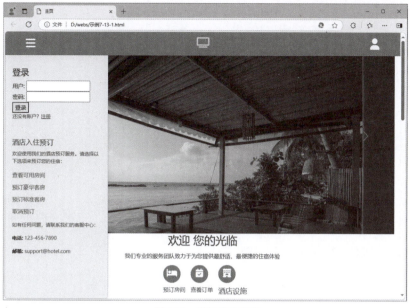

图 7-23　增加登录表单

7.5　思考与练习

1. 简答题

(1) 列举5个用于控制表单控件样式的类，并说明其作用。

(2) 内联表单和水平表单的区别是什么？

(3) 表单的客户端校验包括哪些内容？

(4) 在Bootstrap中，如何使用栅格系统为表单创建一个两列布局，其中第一列是标签，第二列是输入控件？请举例说明如何使用Bootstrap类实现这一布局。

(5) Bootstrap 5为文本输入控件提供了哪些类可以改变其大小？请列举这些类并说明如何使用它们来创建不同大小的输入框。

(6) 如何使用Bootstrap 5创建一个输入框组，使两个或多个表单控件(如输入框和按钮)紧密相连？请提供一个具体的实现示例。

(7) 在创建带下拉菜单的选择控件时，如何自定义选项列表的显示样式？请说明Bootstrap提供的哪些类或方法可以用于这个目的，并简要展示实现代码。

(8) 当使用Bootstrap的表单校验机制时，如何为用户提供交互式的错误提示信息？请说明需要使用哪些类，并展示一个包含错误提示的表单实例。

2. 操作题

(1) 创建图7-24所示的用户注册页面。

(2) 创建图7-25所示的问卷调查页面。

图 7-24　用户注册

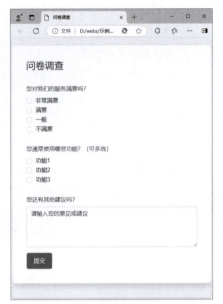
图 7-25　问卷调查

第 8 章

定制与优化

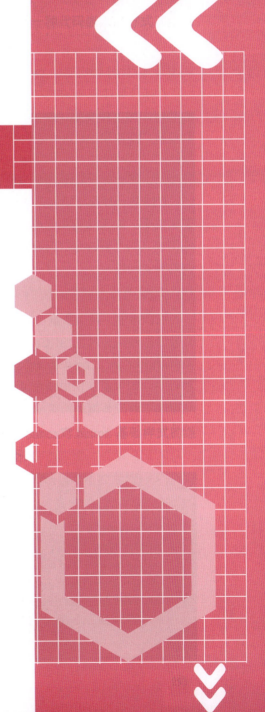

Bootstrap 5的CSS代码是用Sass编写的。使用 Sass 开发Bootstrap 5实际上是一种定制开发的过程。Sass 是一种功能强大的 CSS 预处理器,允许使用变量、映射、混入和函数等特性来定制项目,从而使开发过程更加高效和灵活。

8.1 CSS预处理程序

CSS预处理程序是一种扩展语言,通过引入变量、函数、嵌套和计算等编程特性,增强了原生CSS的功能,优化了样式代码的组织、重用和维护。

8.1.1 CSS预处理程序的概念

CSS是一种用于描述HTML文档样式的语言,能够精确控制页面的布局、字体、颜色和背景等元素。然而,CSS本身并非编程语言,因此缺乏编程语言中的分支、循环、函数以及面向对象编程中的封装与继承。在实际开发中,CSS样式代码中经常出现大量的重复定义,导致代码冗余严重。尤其是在开发大型Web前端项目时,随着项目的扩展,CSS代码变得难以维护和组织。为了解决这些问题,CSS预处理程序应运而生。

CSS预处理程序(或称CSS预处理语言)在保留CSS原有特性的基础上,引入了更多强大的功能,如支持变量、函数和嵌套结构,使CSS具备了部分面向对象编程的能力。Sass是目前被广泛应用的CSS预处理程序之一。

8.1.2 引入CSS预处理程序的原因

CSS是一种标记语言,语法简单易学,用于定义页面样式。然而,CSS代码难以表达逻辑关系,缺乏变量和合理的重用机制,这限制了CSS代码的编写效率,不符合高效开发的需求。为了解决这些问题,Web前端开发技术不断推陈出新。以下是CSS预处理程序解决的具体问题。

1. 解决 CSS 变量的问题

在CSS中,定义变量可以快速设计页面样式。CSS通常使用RGB模式来表示颜色,但开发者很难记住颜色的RGB值。虽然CSS和Bootstrap提供了一些预设颜色(如green、purple及.text-primary、.bg-warning等),但数量有限,所以实际应用并不广泛。在一个Web前端项目中,如果多次使用颜色值#6f44cc,而后需要将其替换为#6610f2,就必须逐一修改,这增加了开发和维护的难度。通过将颜色设置为变量,当颜色需求变动时,只需修改变量的值即可实现全局更新。这种方法是CSS改进的方向,而CSS本身无法满足这一需求。

2. 简化跨浏览器样式兼容性代码

CSS3在不同浏览器中需要使用带有前缀的样式来保证兼容性,例如:

```
div {
 width: 200px;
 padding: 15px;
 -webkit-border-image: url(images/borderimage.png) 5 10 15 20/25px;
 -moz-border-image: url(images/borderimage.png) 5 10 15 20/25px;
 -ms-border-image: url(images/borderimage.png) 5 10 15 20/25px;
 border-image: url(images/borderimage.png) 5 10 15 20/25px;
}
```

如果可以通过更简单的语句实现相同效果，就能提高代码编写效率和可读性。

3. 减少 CSS 代码冗余

CSS样式有一定的继承关系，通常取决于HTML页面的结构。例如，子元素可以继承父元素的某些属性，如字体和背景颜色等。但在没有继承关系的元素之间，可能也需要使用相似的CSS样式，如页面的header和footer可能有相同的样式属性。由于缺乏层级关系，只能分别定义，这会导致大量重复代码。可以通过定义公共样式或使用Bootstrap工具类来部分解决，但效果有限。CSS预处理程序可以通过模块化公共样式、多处调用的方式，解决代码冗余问题。

4. 引入计算功能

CSS原生不支持变量和计算功能，因此开发者需要手动计算属性值，这无疑增加了维护难度。使用CSS预处理程序，可以定义变量结合计算功能，提高代码编写效率和可维护性。例如，使用Sass编写如下代码：

```
$spacing: 0px;
.ps-1 {
  padding-left: $spacing + 4px;
}

.ps-2 {
  padding-left: $spacing + 8px;
}

.ps-3 {
  padding-left: $spacing + 12px;
}
```

当变量$spacing的值变化时，所有相关样式都会自动更新。

5. 解决 CSS 命名空间问题

命名空间是编程语言中用于组织代码和提高代码重用性的一个概念。在CSS中，虽然可以通过后代选择器或子选择器来模拟命名空间，这样父元素的继承属性就能应用到子元素，但这种方式往往导致代码冗长。例如：

```
nav {
  height: 15rem;
}
nav .contact_info {
  margin: 7px 0 0 0;
  float: right;
}
nav .contact_info ul {
  list-style: none;
```

```
    }
    nav .contact_info ul li {
      float: left;
      margin: 0 10px;
    }
    nav .contact_info ul li a {
      text-decoration: none;
      color: yellow;
    }
```

在上述代码中,每个样式定义都要附加前缀nav .contact_info,显得烦琐。CSS预处理程序通过引入类似编程语言中的命名空间概念,简化了这种写法:

```
    nav {
      height: 15rem;
      .contact_info {
        margin: 7px 0 0 0;
        float: right;
        ul {
          list-style: none;
          li {
            float: left;
            margin: 0 10px;
            a {
              text-decoration: none;
              color: yellow;
            }
          }
        }
      }
    }
```

8.2 安装Ruby和Sass

Sass是一种由Ruby编写的CSS预处理程序。早期的Sass主要采用缩进式语法,编写Sass风格的样式表需要掌握其特有的语法规则。然而,自Sass 3.0版本以来,由于Ruby社区的推动,Sass已经发展出与CSS完全兼容的SCSS语法,使得开发者可以像编写普通CSS一样轻松编写SCSS文件。

8.2.1 安装Ruby

在Windows操作系统中,安装Sass之前需要先安装Ruby。Ruby是一种开源的面向对象脚本语言,支持Windows、macOS和UNIX等多个平台。对于macOS用户,由于系统自带

Ruby，因此无须额外安装。Windows 10用户则可以使用RubyInstaller来安装Ruby，具体步骤如下。

01 下载rubyinstaller-x.x.x-x-xxx.exe并双击运行，启动Ruby安装向导。

02 依次单击Next按钮，确保选中Add Ruby executables to your PATH复选框，直到完成安装，如图8-1所示。

03 使用命令ruby -h查看常用的Ruby命令，使用ruby -v查看当前安装的Ruby版本号。

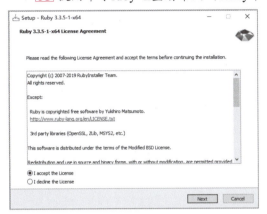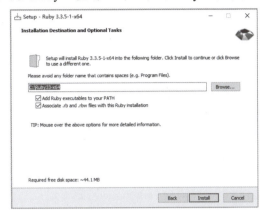

图 8-1　安装 Ruby

安装完成后，可以通过Windows的"开始"菜单选择Start Command Prompt with Ruby来启动Ruby命令行窗口，如图8-2所示。

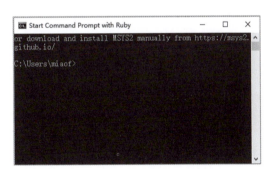

图 8-2　启动 Ruby 命令窗口

8.2.2　安装Sass

尽管Sass是使用Ruby编写的，但用户不需要了解Ruby的语法即可使用Sass。只需在安装好Ruby后，按照以下步骤安装Sass。

1. 安装 Sass

打开Ruby命令行窗口，输入命令em install sass即可安装Sass。安装完成后，可以使用命令sass -v查看Sass版本号，使用sass -h查看可用命令选项。

2. Sass 命令

Sass文件可以使用常见的文本编辑器(如Notepad++、Sublime)，也可以使用VS Code、WebStorm等集成开发环境进行编辑。Sass文件的扩展名为.scss，文件中可以直接使用CSS语法。Sass作为CSS预处理程序，能够将Sass文件编译为CSS文件，常用的编译命令如下。

(1) 直接显示SCSS文件。在命令行中使用sass test.scss可以将Sass文件test.scss编译为CSS，并直接输出。

(2) 将结果保存为文件。使用命令sass test.scss test.css可以将编译结果保存为CSS文件test.css。

(3) 启动Sass监听功能。通过--watch选项，Sass可以监听文件或目录的变化，当源文件修改时自动重新编译。例如：

```
sass --watch input.scss:output.css
```

还可以监听整个目录的变化：

```
sass --watch app/sass:public/stylesheets
```

(4) 设置编译风格。Sass提供了四种编译风格，可以通过--style选项设置生成的CSS文件格式。

- nested：默认值，生成嵌套缩进的CSS代码。
- expanded：生成无缩进的展开式CSS代码。
- compact：生成紧凑格式的CSS代码。
- compressed：生成压缩后的CSS代码，常用于生产环境。

例如，使用--style compressed选项可以生成压缩后的CSS文件：

```
sass --style compressed test.sass test.css
```

Sass的官方网站还提供在线转换工具，互联网上也有许多将Sass文件转换为CSS的在线工具，用户可以根据需要自行查找使用。

8.3　Sass的基本应用

Sass的基本应用包括使用变量、计算功能、选择器嵌套、添加注释、代码重用(如混入和继承)，以及支持条件和循环等控制语句，极大地增强了CSS的功能性和可维护性。

8.3.1　使用变量

Sass支持变量的使用，所有变量都以符号"$"开头。Sass文件中可以使用//进行注释。
例如，以下代码展示了如何在test.scss文件中使用变量：

```
$ps: 0px;
.ps-0 {
```

```scss
  padding-left: $ps;
}
.ps-1 {
  padding-left: $ps + 4px;
}
.ps-2 {
  padding-left: $ps + 8px;
}
.ps-3 {
  padding-left: $ps + 12px;
}
```

编译test.scss文件后，将生成相应的CSS文件，减少了重复的代码编写，提升了开发效率，如图8-3所示。

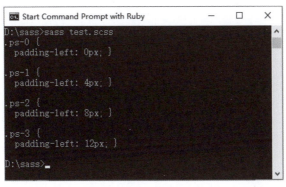

图8-3　编译 test.scss 文件

Sass允许在字符串中嵌入变量。要将变量嵌入字符串中，需要将变量写在"#{}"中。

【示例8-1】在Sass文件test1.scss中嵌入变量。

代码如下：

```scss
// test1.scss
$side: left;
$blue: #3bbfce;
div {
  border-color: #3bbfce;
  border-left-radius: 5px;
  margin-left: 8px;
}
```

编译后生成的CSS代码如下：

```css
div {
  border-color: #3bbfce;
  border-left-radius: 5px;
  margin-left: 8px; }
```

8.3.2　计算功能

Sass支持计算功能，可以在代码中使用变量和函数。下面的代码展示了Sass的计算功能，其中 round(12.4px) 是用于四舍五入的函数。

【示例8-2】在Sass文件 test2.scss 中实现计算功能。

代码如下：

```scss
// test2.scss
$var: 24px;
#mydiv {
  margin-top: ($var / 6);
  margin-left: $var * 3;
  padding: round(12.4) * 1px;
  font-size: 16px;
}
```

编译后生成的CSS代码如下：

```css
#mydiv {
  margin-top: 4px;
  margin-left: 72px;
  padding: 12px;
  font-size: 16px; }
```

8.3.3　选择器嵌套

选择器嵌套常用于后代选择器或子选择器。Sass支持选择器嵌套，可以减少代码量并使代码结构更加清晰。

【示例8-3】支持嵌套功能的Sass文件示例。

代码如下：

```scss
// test3.scss
article {
  padding: 20px;
  background-color: #f9f9f9;
  border: 1px solid #ddd;
  header {
    h1 {
      font-size: 2em;
      margin-bottom: 10px;
      color: #333;
    }
    p {
      font-style: italic;
```

```
    color: #777;
  }
}
main {
  p {
    line-height: 1.5;
    margin-bottom: 15px;
    &:first-of-type {
      font-weight: bold;
    }
    &:last-of-type {
      margin-bottom: 0;
    }
  }
}
footer {
  margin-top: 20px;
  p {
    font-size: 0.9em;
    color: #888;
    text-align: right;
    &::before {
      content: "— ";
    }
  }
}
```

编译后生成的CSS代码如下：

```
@charset "UTF-8";
article {
  padding: 20px;
  background-color: #f9f9f9;
  border: 1px solid #ddd; }
  article header h1 {
    font-size: 2em;
    margin-bottom: 10px;
    color: #333; }
  article header p {
    font-style: italic;
    color: #777; }
  article main p {
    line-height: 1.5;
    margin-bottom: 15px; }
```

```
    article main p:first-of-type {
      font-weight: bold; }
    article main p:last-of-type {
      margin-bottom: 0; }
  article footer {
    margin-top: 20px; }
    article footer p {
      font-size: 0.9em;
      color: #888;
      text-align: right; }
      article footer p::before {
        content: "— "; }
```

在Ruby命令行窗口中，可以使用以下命令编译Sass文件：

```
D:\sass>sass sass/test3.scss css/test3.css --style expanded --trace
```

当前路径是 D:\sass，该命令用于编译当前文件夹sass中的 test3.scss 文件，并将生成的CSS文件保存在css中。使用 --style expanded 选项生成展开样式的CSS代码。

8.3.4 添加注释

Sass 3.0 支持与 CSS 类似的 SCSS 语法格式，提供两种注释风格。

1. 多行注释

多行注释的格式为/* comment */，这种注释在编译后的文件中会保留。但当使用--style compressed选项时，编译后的注释将被省略。以下示例展示了包含多行注释的 Sass 文件代码：

```
/* 文件名：test4.scss
   多行注释格式，注释内容会保留到编译后的文件中 */
nav {
  margin: 7px 0 0 0;
  ul {
    float: left;
    li {
      list-style: none;
    }
  }
}
```

2. 单行注释

单行注释的格式为// comment，这种注释仅保留在Sass源文件中，编译后将被忽略。

此外，还有一种"重要注释"的格式，即在/*后添加感叹号(/*!)，表示该注释是重要的。即使使用--style compressed选项进行压缩模式编译，重要注释也会保留。这种注释通

常用于声明版权信息。示例如下:

```
/*! 这是一个重要的注释 */
```

8.3.5 代码重用

Sass支持代码重用功能,包括继承、混入和文件插入。这些功能类似于编程语言中的函数和模块化,允许将可复用的代码块插入CSS文件中。

1. 继承

在Sass中,继承并不完全等同于编程语言中的继承,而是一种代码嵌入的方式。可以使用 @extend 命令在一个选择器中继承另一个选择器的样式。

【示例8-4】实现继承功能的Sass文件示例。

代码如下:

```
// test4.scss
.button {
    padding: 10px 15px;
    border: 1px solid blue;
    border-radius: 5px;
    background-color: lightblue;
}
.secondary-button {
    @extend .button;
    background-color: lightgreen;
}
.danger-button {
    @extend .button;
    border-color: red;
    color: white;
}
```

以上代码通过@extend 实现了.secondary-button和.danger-button对.button 基础样式的继承,并分别覆盖了各自的特定样式。编译后的CSS 代码如下:

```
.button, .secondary-button, .danger-button {
  padding: 10px 15px;
  border: 1px solid blue;
  border-radius: 5px;
  background-color: lightblue; }
.secondary-button {
  background-color: lightgreen; }
.danger-button {
  border-color: red;
  color: white; }
```

2. 混入

使用 @mixin 命令可以定义可复用的代码块，称为"混入"。混入可以通过 @include 命令引入其他样式中，实现类似继承的功能，并且支持参数化。

【示例8-5】 实现混入功能的Sass文件示例。

代码如下：

```scss
// test5.scss
// 定义一个混入
@mixin left {
    float: left;
    margin-left: 10px;
}
// 使用 @include 命令调用混入
div {
    @include left;
    width: 100px;
    height: 80px;
}
```

编译后的CSS代码如下：

```css
div {
 float: left;
 margin-left: 10px;
 width: 100px;
 height: 80px; }
```

混入的优势在于可以定义参数和默认值。以下示例展示了如何在文件中指定混入的参数和默认值。

【示例8-6】 在test6.scss文件中指定混入的参数和默认值。

代码如下：

```scss
// test6.scss
// 在混入中指定参数和默认值
@mixin left($value: 10px) {
    float: left;
    margin-right: $value;
}
.left_side {
    @include left(20px);
    width: 200px;
}
```

编译后的CSS代码如下：

```
.left_side {
  float: left;
  margin-right: 20px;
  width: 200px; }
```

如果 @include left 调用中省略参数，则会使用默认值 10px。

混入的典型应用场景是在引入CSS3后，需要编写大量带有浏览器前缀的代码。通过使用混入，可以方便地实现浏览器兼容性。以下示例展示了在文件中使用混入来处理不同浏览器的样式：

```
// test7.scss
//定义及调用混入的代码
@mixin rounded($vert, $horz, $radius: 10px) {
  border-#{$vert}-#{$horz}-radius: $radius;
  -moz-border-#{$vert}-#{$horz}-radius: $radius;
  -webkit-border-#{$vert}-#{$horz}-radius: $radius;
}
header {
  @include rounded(top, left);
}
footer {
  @include rounded(top, left, 5px);
}
```

编译后生成的CSS文件将包含所需的浏览器兼容代码，如图8-4所示。

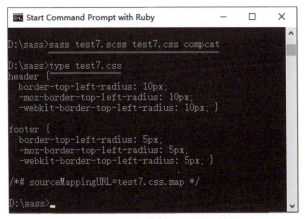

图 8-4　编译生成的 CSS 文件

在以上示例中，对于类似圆角边框或图像边框的属性，使用混入可以实现一次定义并多次复用，这大大增强了代码的可重用性和可维护性。从编译结果可以看出，test7.scss 和 test7.css 文件都保存在当前文件夹中。通过执行命令 type test7.css，可以在命令行窗口中查看文件内容。

3. 自定义函数

Sass允许用户编写自定义函数。自定义函数使用 @function 关键字定义，使用函数名调用，并通过@return 关键字返回函数值。自定义函数可以接受参数，调用方式类似于JavaScript 的函数调用方式。

【示例8-7】 定义和调用函数的示例。

代码如下：

```scss
// test8.scss
// 定义函数
@function getPadding($base) {
    @return $base * 4; // 函数返回值
}
// 调用函数
#section1 {
    padding-top: getPadding(1px);
    padding-bottom: getPadding(2px);
    padding-left: getPadding(3px);
}
```

编译后生成的 CSS 代码如下：

```css
#section1 {
  padding-top: 4px;
  padding-bottom: 8px;
  padding-left: 12px; }
```

4. 插入文件

Sass 允许使用 @import 关键字插入外部文件，外部文件可以是 Sass 文件或 CSS 文件。如果导入的是CSS文件，@import就等同于CSS中的 import 命令。其语法格式如下：

```scss
@import "path/filename";
```

【示例8-8】 在test9.scss文件中导入CSS文件和Sass文件。

代码如下：

```scss
// test9.scss
@import "css/mycss.css"; // 导入CSS 文件
@import "mysass.scss"; // 导入 Sass 文件
@mixin left1 {
    margin-left: 20px;
    padding-left: 20px;
}
.mycls1 {
    @include left1;
```

```
    background-color: aliceblue;
}
```

在此示例中，mycss.css 文件的内容无须关注，@import "css/mycss.css" 将转换为 @import url(css/mycss.css)，即从 CSS 文件中导入样式。mysass.scss 文件的内容如下：

```
$primary-color: #00ff00;
div {
    color: $primary-color;
}

body {
    font-size: 15px;
}
```

编译后生成的CSS代码如下：

```
@import url(css/mycss.css);
div {
  color: #00ff00; }
body {
  font-size: 15px; }
.mycls1 {
  margin-left: 20px;
  padding-left: 20px;
  background-color: aliceblue; }
```

8.3.6　控制语句

类似于编程语言中的流程控制语句，Sass 也支持条件判断和循环控制语句。

1. 条件判断语句

Sass使用@if和@else来实现条件判断，也可以通过@else if实现多重分支逻辑。

【示例8-9】条件判断的实现示例。

代码如下：

```
// test10.scss
@mixin avatar($size, $circle: false) {
    width: $size;
    height: $size;
    @if $circle {
        border-radius: $size / 2; // 条件判断语句
    }
}
// 调用混入
.square {
```

```
    @include avatar(120px, $circle: false);
}
.circle {
    @include avatar(150px, $circle: true);
}
```

在此代码中，混入定义了逻辑变量$circle。当$circle的值为true时，将执行border-radius: $size / 2。编译后的CSS代码如下：

```
.square {
  width: 120px;
  height: 120px; }
.circle {
  width: 150px;
  height: 150px;
  border-radius: 75px; }
```

【示例8-10】在Sass文件中应用 @if 和 @else 实现条件判断。

代码如下：

```
// test11.scss
$color: 80%;
div {
   width: 120px;
   height: 150px;
   @if ($color > 30%) {
      background-color: #fff;
   } @else {
      background-color: #010;
   }
}
```

编译后生成的 CSS 代码如下：

```
div {
  width: 120px;
  height: 150px;
  background-color: #fff; }
```

2. 循环控制语句

Sass支持for循环、while 循环和 each 遍历循环，分别使用 @for、@while 和 @each 关键字实现。通常需要一个循环变量来支持这些循环语句。

【示例8-11】使用from和through(或to)关键字控制for循环。

代码如下：

```scss
// test12.scss
$base-color: #010;

@for $i from 1 through 3 {
  ul:nth-child(3n + #{$i}) {
    background-color: lighten($base-color, $i * 5%);
  }
}
```

编译后生成的 CSS 代码如下,通过它可以很好地控制列表元素的样式:

```css
ul:nth-child(3n + 1) {
  background-color: #002b00; }
ul:nth-child(3n + 2) {
  background-color: #004400; }
ul:nth-child(3n + 3) {
  background-color: #005e00; }
```

如果使用 @for $i from 1 to 3,则循环次数不包括最终的边界值。lighten() 是 Sass 中用于使颜色变浅的函数。

以下代码使用 @while 来实现循环控制:

```scss
$i: 8;
@while $i > 0 {
  .item-#{$i} {
    width: 2em * $i;
  }
  $i: $i - 2;
}
```

编译后生成的CSS代码如下:

```css
.item-8 {
  width: 16em; }
.item-6 {
  width: 12em; }
.item-4 {
  width: 8em; }
.item-2 {
  width: 4em; }
```

以下代码使用@each和in来控制循环:

```scss
$sizes: 35px, 45px, 75px;
@each $size in $sizes {
  .icon-#{$size} {
    font-size: $size;
```

```
    height: $size;
    width: $size;
  }
}
```

编译后生成的CSS代码如下：

```
.icon-35px {
  font-size: 35px;
  height: 35px;
  width: 35px; }
.icon-45px {
  font-size: 45px;
  height: 45px;
  width: 45px; }
.icon-75px {
  font-size: 75px;
  height: 75px;
  width: 75px; }
```

除了变量、嵌套、混入和控制语句，Sass还提供了一系列内置函数和API，以进一步增强其预编译功能。这些工具能够帮助开发者更加高效地处理样式表的编写和维护工作。如需获取更多详细信息和深入了解这些功能的使用方法，可以访问Sass官方文档。

8.4 思考与练习

1. 简答题

(1) 列举3个以上Windows窗口中常用的Sass命令。

(2) 简述什么是混入。

(3) 简述在开发CSS样式的过程中，CSS预处理程序的作用。

2. 操作题

访问Compass官方网站，查找并练习CSS3模块的Text Shadow命令。